U0020816

大是文化

談錶，
商業人士必備的素養

新手入門、配件選搭、保值收藏、揣摩對方性格……
從選機芯到挑錶帶，你總能帶動話題。

日本最大出版社講談社前資深編輯
15年瑞士日內瓦名錶採訪經驗
篠田哲生——著
黃怡菁——譯

BREGUET

№1010

JAN

教養としての腕時計選び

目錄

第二章
當時間走進社會，奢華走入日常

第三章

買錶前，
你必須做點功課

第六章
精選世界級品牌名錶，讓你只有價格障礙，沒有選擇障礙

推薦序一

懂名錶，
美好生活的開始

《時間觀念》總編輯、「郭大開講」FB 社團創辦人／**郭峻彰**

　　我在鐘錶知識宛如貧瘠荒山大漠的 1990 年代，開始瘋狂愛上名錶。

　　當時我最愛的活動就是逛錶店，因此最苦惱的事，並非買不起高價名錶；而是市面上竟然沒有任何中文的鐘錶專門書，或是可以作為新手入門基礎養分的鐘錶資訊。

　　有鑑於此，在經過幾年艱苦的知識鍛鍊後，自認已經擺脫新手階段之際，便開始著手針對剛入行錶迷，編撰第一本鐘錶專書《2000 名錶精選》，這本書在 1999 年自費出版後，成為臺灣第一本專業鐘錶書籍。

　　該書出版至今已經超過二十年，這期間歷經網路資訊大爆炸時代，鐘錶資訊也從過去的貧瘠匱乏，轉為超載過剩，因此，過去著重在鐘錶品牌、產品跟功能介紹的通識性質書籍，早已不合時宜。

接收來自各類新媒體資訊的新一代錶迷所需要的，是如何培養鑑賞鐘錶的能力，或是如何衡量鐘錶價值高低的書籍，而本書《談錶，商業人士必備的素養》，就是一本完全符合現代錶迷所需的專書，不僅適合入門新手，即便資深玩家、收藏家也同樣值得一看。

本書有三大值得推薦的特色，首先是其系統性架構，可提供錶迷一個絕佳的學習藍圖。

這個架構從跟時間關係密切的曆法、經緯度、製錶產業等歷史淵源，作為起始的第一章節，以故事性達到引人入勝之目的。

接著，再從最能切身感受的日常生活，聚焦至鐘錶主題，然後是實戰技法的購錶須知、腕錶鑑賞跟技術，最後一章才是品牌介紹。

讀者可以從頭開始也可以依自己所需分段閱讀，章節內容既連貫又自成一格，並且理論跟實務兼具，可謂面面俱到。

其次，作者曾經學習過正規的珠寶與製錶相關課程，因此內文不但引經據典、嚴格考究。

更重要的是，內含大量專業知識，宛如習武之人渴求的內功心法，參透後便可提升一甲子功力。相較於謬誤百出，且知識含量低的網路文章來說，本書價值不可言喻。

第三點，作者以多年來實地採訪瑞士錶展，以及各項鐘錶活動所累積的豐富經驗跟智識，將許多鐘錶小故事和時空背景介紹融入其中，使得本書閱讀起來生動有趣，即便是艱澀的鐘錶硬知識，在其筆下也顯得清新可人、毫無距離。

　　最後，為了讓更多人願意翻閱本書，並因此走進迷人的名錶世界中，我想大膽的給本書另一個副標題：懂名錶，美好生活的開始。

推薦序二

鐘錶的知識
有如汪洋大海

黃忠政名錶交流中心負責人／黃忠政

　　歷史的小船在時間的流域上順水而下，自西元前開始，即扮演著時間的度量衡如此重要的角色，再各個場景中達到舉足輕重的作用。

　　作者透過歷史中不同時代所發生的事件，以及許多自古代發明、訂定之後沿用至今的規則，來解析一切與「時間」緊緊相連的脈絡，許多歷史上發生的小故事及事蹟，除了讚嘆當時制定（製作）人們的睿智外，也不禁讚賞作者對於資料文獻的研究及考究。

　　富戲劇性發展的歷史故事，從讀者的角度讀來，著實吸引人，也非常有趣，每位前輩的努力更是令人感動。接續在後的專門術語、各大品牌、技術工藝，乃至當家產品等之介紹，皆由淺入深，引領讀者欣賞各個主題不同的特色與曼妙之處。

　　不論是單純因為喜歡鐘錶，而翻開這本關於時間的故事書，

或是因為喜歡歷史而打開這本事件的紀錄簿，有別於現今社群網路上的文章，雖推陳出新得快，但就是少了一點書本勾勒出的觸感及溫度。

鐘錶的知識有如汪洋大海般無窮無盡，我輩期許能如麥哲倫或是哥倫布一般，求知若渴、乘風破浪！

前言

高價錶市場向上成長，
最時尚的配件之一

　　說到鐘錶的歷史，大約要從西元前三千多年、埃及人發明了日晷開始。一般認為，這就是人類開始計算時間的起源。之後人類的數學及天文學歷經時代演變與進步，約西元前一千五百年，古代巴比倫人沿用蘇美人所創的 60 進位制，這也成了時間的單位。據說是基於 1、2、3、4 的公倍數是 12；1、2、3、4、5、6 的公倍數是 60；圓周是 360 度，運用這些數字排列組合後，所導出的時間計算單位。例如：12 個月、24 小時、60 分鐘等。

　　一直到 13 世紀，歐洲發明了近代化的機械鐘，最具代表性的就是教堂的鐘塔。自此開始，時鐘的零件與構造趨向小型化，到了 17 世紀後期，懷錶誕生了。這個時期的鐘錶，硬要說的話，比較偏向優雅的美術工藝品；直到 20 世紀初期，手錶的開發概念開始講求實用。社會演變越發成熟，時間的概念落實在生活中每一處，職場、學校都是依循著時間，照表操課；手錶成了人們面對分秒必爭、調整作息的生活必需品。

　　不過，隨著時代的演變，現今智慧型手機已非常普及，現代

人不必依賴手錶，也能知道正確時間。

2000 年的時候，日本的手機普及率已經超過 50％，從這個時期開始，社會上漸漸出現「有手機就不需要手錶」的意見。確實，以手錶「得知當下的正確時間」的本質來說，人手一支且片刻不離身的智慧型手機，完全可以取代手錶，而且現在的智慧型手機幾乎都有內建 GPS，可以讀取衛星電波，針對所在地點以及當地時間等資訊進行解析，就算身處海外，只要拿出手機一看，就能得知當下的正確時間。蘋果甚至靠著 Apple Watch，一舉成為全球最大的手錶品牌，我想應該有不少人都戴 Apple Watch。這麼看來，鼓吹「有手機就不需要手錶」這一點，其實也相當合理。

儘管越來越多人認為不再需要手錶，卻仍有另一群人堅持愛用手錶，且支持者與日俱增。

根據瑞士鐘錶工業聯合會（Federation of the Swiss Watch Industry，簡稱 FH）所發表的出口統計資料顯示，**從 2000 年～2019 年，這 19 年間的鐘錶出口金額，竟然成長達 2 倍以上。**瑞士鐘錶界能有如此大規模的成長，一方面是國家致力於經濟發展，另一方面，也是因為來自中國的消費訂單大增（19 年間成長約 44 倍），再加上原本來自其他國家的消費訂單，這些都讓瑞士的鐘錶工業持續穩健發展。而日本進口瑞士鐘錶的貿易金額，2000 年時約達 600 億日圓，2019 年時約達 1,840 億日圓，成長了 3 倍之多。

日本製錶品牌精工（Seiko）及星辰（CITIZEN）也都穩健

經營。根據日本鐘錶協會的調查數據推估，不只製錶大廠，包含機芯等零件製造工業統合起來，日本的手錶市場規模，預估竟高達 8,867 億日圓，由此可見，手錶還是很熱銷。而消費者們對於手錶的喜好也一直在改變。

根據瑞士鐘錶的出口統計資料，瑞士的手錶出口總數量正在下降，但出口總金額卻上升。進入 2000 年之後，**3,000 法郎**（約新臺幣 9 萬元）**的高級手錶，出口的數量及單價都是向上成長**，反之，平價的手錶其出口數量及金額卻在下降。這也說明了**高價手錶在市場上有多麼熱銷**。

有現代瑞士鐘錶界經營之神美名的吉恩－克勞德・比弗（Jean-Claude Biver），其實早就預言了如此不可思議的現象。比弗為瑞士最悠久的製錶老牌寶珀（BLANCPAIN）重新擦亮其招牌；為歐米茄（OMEGA）奠定了品牌大業；又讓宇舶（HUBLOT）脫胎換骨、一舉躍升為知名品牌；他甚至還擔任 LVMH 集團（LVMH Moet Hennessy Louis Vuitton SE）總裁，真正是人人稱頌的傳奇人物。（目前他已經從總裁之位退休，以榮譽總裁的身分擔任顧問。）

比弗於 2006 年擔任宇舶的品牌執行長時，發表了宇舶錶 Big Bang All Black 系列——從錶冠、錶盤到指針等，所有零件全部統一使用黑色，整只唯有指針勉強看得清楚的全黑手錶。當時有人問比弗：「這種黑到看不清的手錶有意義嗎？」比弗卻說：「現代人戴手錶已經不是為了看時間。」他當時就已經預見，未來**手錶將會變成時尚配件之一**。比起確認時間，手錶將會變成展

現自我風格的配件，這才是趨勢。

　　經過了 10 年以上的光陰，放眼現在的製錶業界，當時比弗的判斷可說是非常精準。若作為日常生活的實用品，那麼價格平易近人自然重要；但若作為展現自我風格的時尚配件，那麼高級感才是最不可或缺的條件。

　　隨著時代演變，行動電話、智慧型手機一一登場，讓手錶已經幾乎跳脫確認時間的日用品範疇。現代手錶變得更加自由多元，手錶的尺寸、設計、款式等更是多樣。手錶宛如成了「展現風格」、「自我風格」的代名詞，甚至在社交場合，手錶也成了男士展現品味的重點配件，就像是男性專屬的首飾一般。人們戴上手錶，感覺就像為自己注入力量與動能，在商務及社交的場合，手錶也有助於開啟聊天話題。

　　另一方面，手錶也跟高級飯店、高級餐廳一樣有其獨特的鑑價機制。當手錶已經變成展現自我風格的象徵配件，你選擇了什麼樣的手錶，就是在宣示自己是個什麼樣的人（當然，不戴手錶也是一種宣示）。因此在選擇手錶時，也越來越馬虎不得。

　　對於正值 30 歲的人來說，選手錶應該不是一件容易的事情了。這個階段的人，已經累積了相當程度的社會經驗、事業方面也有一定的資歷，通常會開始想要尋求與自己身分、身價相符的東西。

　　對於正值成家立業、轉換人生角色階段的男性來說，應該會希望擁有一只能夠展現自身風格與品味、讓自己更有動力再上一層樓的好錶吧。怎樣才能選到一只好錶呢？你可以選擇知名品

牌，也可以依照外觀款式、設計來挑選。不過我認為，若是沒有進一步去了解鐘錶背後的文化意涵及歷史由來，應該很難選到真正適合自己的手錶。因為它的歷史，其實代表著人類對於知識的好奇心。

在現在這個時代，名錶已經等同於藝術、音樂一般，是一種素養。透過名錶素養，我們還能從中學習到人類智慧的歷史演進、宇宙運行的意義、摩擦與磁氣對機械造成的影響等知識。

本書將以培養名錶素養為目的，同時從歷史及文化的角度，帶領讀者從側面窺探手錶的深奧世界，期望能讓各位讀者更體會手錶之美。透過手錶來重新看待世界，肯定能讓你看到與以往截然不同的新景色。

讓手錶來為我們有限的人生時間，增添更多豐富的色彩吧！

第一章

鐘錶，推動了時間、 刻出了歷史

數千年前，人類從太陽及月亮的運行當中，推導出了
「時間」及「時刻」的概念；時間本身是不可視的抽象
存在，手錶卻透過種種精密的零件，將其轉化成具體可
見的形式。在世界歷史上留名的人物或事件，其實有不
少都與鐘錶有著深刻的關聯。

1

誰制定了日曆？
羅馬教宗

2019 年 11 月，羅馬教皇睽違 38 年再度訪日，並在東京巨蛋舉行了大規模彌撒，據說，當時在東京巨蛋，聚集了約 5 萬名信徒前來參加彌撒。由此可見，天主教文化有多麼深入日本人的生活之中。

其實，我們每天都在用的日曆（也就是曆法），也與天主教有關聯。現今全世界通用的公曆（又稱西曆、陽曆），包括閏年的概念，這些都與天主教有密切關聯。

首先，所謂的日曆，是從太陽和月亮的運行中所誕生。當觀察太陽產生的陰影時，我們可以看到，陰影移動的方式有其規律性。一年中有 4 次晝夜長短變化的分界，冬至的白天最短、黑夜最長；春分和秋分的晝夜長短相同；夏至的白天最長、夜晚最短。這 4 個分界，成為製作日曆的重要準則。

此外，這套準則還可以與月相盈虧結合。無月之夜到月圓之夜，再到無月之夜，這期間的週期約為 30 天。這個週期重複 3

次，就是晝夜長度變換的分界。也就是說，月相盈虧的週期約為
30 天，經過 3 次的月相週期後（也就是 90 天），晝夜的長短就
會有所變化，氣候也會跟著改變。而這整套週期運行 4 次之後，
我們又會回到熟悉的季節，重新開始，這就是我們的一年。

　　西元前 3000 年的古埃及人，就是像這樣定點觀測太陽與
月亮的運行，持續觀測了數十年，才終於得出「每 365.25 天，
就會回到同樣的季節」這個結論。而 0.25 天這個不成整數的數
字，就成了一個問題。

　　古代人對此也很煩惱，不知道該怎麼處理這個 0.25 天。畢
竟對於他們來說，太陽與月亮是超越人類智慧的存在，當時的帝
王為了領導人民、掌握民心，必須藉著曆法，來定期舉行各種儀
式，藉以展現帝王治國的影響力。

　　例如，英國的古代遺跡巨石陣。巨石陣中幾個重要的位置，
似乎都是用來指示太陽在夏至升起的位置，而從反方向看，剛好
就是冬至太陽落下的位置；位在墨西哥猶加敦半島的馬雅遺跡庫
庫爾坎神廟，每年的春分與秋分這兩天，當太陽西下時，神廟的
臺階西側，會在夕陽光的照射下，形成彎彎曲曲的陰影、連接底
部的蛇頭雕刻，看起來就像一條巨蛇，從塔頂向大地游動，象徵
著羽蛇神的甦醒與降臨；羅馬的古代遺跡帕德嫩神廟，在春分及
秋分的正午，太陽光會從神廟建築物頂端開口的穹頂之眼照入，
光線與垂直的牆面、圓形的天井，形成一道直射門口的神聖之
光，此時帝王從門口走入神廟，光線不偏不倚的照在他身上，看
起來就像受到宇宙之神祝福的天選之人，更加強化了帝王的威嚴

與神聖。並且，在相應的時期，種植適合的作物、提升收穫量，也是古代增強國力、讓國民生活富足的重要政事，因此需要正確的曆法。

古羅馬的著名英雄——尤利烏斯・凱撒（Iulius Caesar）在西元前 45 年所制定的儒略曆（又稱凱撒曆），成了現代曆法的最初雛型。

儒略曆將 1 年定為 12 個月，每個月分成 30 天（小月）與 31 天（大月）交替。當時，1 年是以 1 月為首，2 月視為年末，且 1 年之中，只有 2 月沒有舉辦重要的宗教儀式，也是唯一只有 28 天的月分。閏年的概念，也是從儒略曆開始，4 年 1 次，2 月會有 29 日，是因為將多出來的 0.25 天乘以 4，等於 1 天。

另外，原本應該是單數月為大月、雙數月為小月，但現代的曆法卻是 7 月與 8 月都是大月，是因為當時制定儒略曆的凱撒大帝是 7 月出生，而他將自己的出生月設為大月（剛好也是單數月）；後來的羅馬帝國初代皇帝奧古斯都（Augustus，也是 8 月的英文 August 的語源）是 8 月出生，羅馬議會為了表示尊敬，故將 8 月也改成大月，9 月就減一天變成小月，且 8 月之後的月分通通改成單數月是小月、雙數月是大月。

儒略曆足足使用了 100 年以上之久，其中累積的時間誤差也越來越大。最嚴重的問題是天主教中最重要的祭典復活節。

復活節是定在每年春分月圓之後第一個星期日，也就是說，復活節其實是一個會移動的不固定日期。依照原本使用的儒略曆來看，春分的日期應該會是在 3 月 21 日前後，但是實際晝與夜

的時間長短變化，與儒略曆的推算，彼此誤差卻是越來越大。

事實上，依據太陽運行所推算出來的 1 年的長度，應該是 365.2422 天，而以 1 年長度為 365.25 天制定的儒略曆，當然會跟太陽運行的時間越來越有誤差。

為了解決誤差，當時許多學者一起集思廣益，最後是由第 226 代教皇格里十三世（Pope Gregory XIII），於 1582 年頒布了格里曆，成為新的公用曆法。

格里曆的紀年沿用儒略曆，自傳統的耶穌誕生年開始，稱為公元，亦稱西元。格里曆就是現代西曆的前身，可說是不只條條大路通羅馬，連曆法也「通」羅馬。

格里曆與儒略曆一樣，也是每 4 年在 2 月底置一閏日，但格里曆特別規定，「不能被 400 整除的世紀年不設閏日」。如此，2000 年、2400 年、2800 年是閏年；2100 年、2200 年、2300 年、2500 年、2600 年、2700 年、2900 年就是平年。以 100 年為單位來控制日數，更接近太陽實際運行的規律，依循格里曆而誕生的現代曆法也越發完善。人類根據宇宙運行的規律，所推導而出的曆法，從古到今，都是人類生活的軸心；人類的社會活動也隨著時間概念的發展，更加成熟茁壯。

FRANCK MULLER 法穆蘭

Aeternitas Mega 4：本身的構造極為複雜，其所搭載的「恆久日曆」，是一項極具挑戰性的功能，又被稱作千年萬年曆，是業界唯一可以對應格里曆、自動辨識世紀年。月分環上的紅點是世紀年分（每個世紀年為 100 年），一般為紅色，但當該年為平年時，則會呈現綠色。這一獨特設計，讓這款極複雜腕錶，成為真正名副其實的萬年曆腕錶，無人能及。

自動上鍊（Cal. FM3480QPSE）、18K 白金錶殼、錶徑為 61×42 毫米。（關於錶的規格說明，請見第 204 頁。）
價格：約新臺幣 78,771,150 元。

2

宗教戰爭，
壯大了瑞士製錶工業

一般人對瑞士的印象，應該都是蔚藍的天空、高聳的山脈與岩石、廣闊的牧草地……大概就跟動畫《小天使》差不多吧。

事實上，因公出訪到瑞士的日本鐘錶從業人員，大概都沒看過這樣的景色。從歐洲地圖上來看，瑞士幾乎位在整個歐洲的中央，阿爾卑斯山脈位在瑞士國土的南側、很接近義大利等國的邊境。而製錶產業的重鎮，位於瑞士國土的西側大都市日內瓦，以及從日內瓦往東北方向、也就是侏羅山的山谷地區，名為汝拉山谷（Vallée de Joux）的山中祕境。

為什麼會有製錶產業在這種地方扎根發展？因為在歷史上，曾有大批製錶師，從鄰國法國逃亡來此地的緣故。

身為歐洲大國之一的法國，在 16 世紀，製錶產業曾經非常興盛。當時，有許多投身製錶產業的製錶師們，都是胡格諾教徒（喀爾文宗為基督新教的主要宗派之一，發展到法國被稱為「胡格諾派」）。胡格諾教派主張職業是神聖的，鼓勵教徒勤奮工作

並給予尊重，因此許多信仰此教派的製錶師們，都認真鑽研製錶技術。

當時天主教與新教之間的宗教戰爭正激烈，時局動盪不安。1598 年，法國國王亨利四世（Henri IV）頒布了《南特詔書》（Édit de Nantes），准許新教徒擁有信仰自由及其他保障，法國國內的胡格諾教徒，一度過著安定的生活；然而 1685 年時，路易十四卻宣布廢除《南特詔書》，國內又再度迫害新教徒。為了追求人身自由與安全，新教徒（包括胡格諾教徒）開始大量逃難、流亡各地。

此時，同樣位在法語圈的日內瓦（同時也是喀爾文教派的發源地），以及日內瓦周邊的侏羅山區（汝拉山谷），就成了胡格諾教徒的逃難首選。

17 世紀後期的日內瓦，大約有 100 家製錶廠，與 300 名製錶師，年產約 5,000 個懷錶；但是，胡格諾教徒逃亡來此，並加入製錶產業後，光是日內瓦的製錶師，就增加到將近 6,000 名，懷錶的生產量也增加為年產 5 萬個以上。以結果來看，法國國內大亂的宗教之戰，反而讓最新的製錶技術進入了瑞士，壯大了瑞士的製錶產業實力。

1789 年，隨著法國大革命導致法國的貴族階級沒落，也因此重創了原本仰賴貴族財力贊助、以奢華錶見長的法國製錶業，價格相對低廉的瑞士錶則開始流行起來。面對急速增加的訂單，日內瓦的製錶師們，決定將製作零件的工作外包，而發包對象，就是鄰近日內瓦的汝拉山谷的農夫們。

　　汝拉山谷為標高約 1,000 公尺的高山山谷，一年之中將近有一半的時間都被白雪覆蓋、有如與世隔絕。因此製錶師們便發包給農夫，委託他們在農閒時期，幫忙製作製錶所需的零件。就這樣，製錶產業在這個寧靜的山區中扎根，也培育出相當優秀的新生代製錶師。

　　1833 年，安東尼・勒考特（Antoine LeCoultre）在汝拉山谷創立了積家（Jaeger-LeCoultre）；1874 年，喬治－愛德華・伯

坐落在侏羅山脈、被群山環繞的汝拉山谷，至今仍是相當幽靜的山村小鎮。漫長的冬季加上白雪覆蓋，幾乎與世隔絕的環境，反而很適合需要耗費時間及專注力的精細作業。這裡培育出相當優秀的製錶師，可說是製錶產業的搖籃。

爵（Georges-Edouard Piaget）在拉科特奧費（La Côte-aux-Fées，位於瑞士西部的市鎮）創立了伯爵（PIAGET）；1875 年，朱爾斯・路易斯・奧德莫斯（Jules Louis Audemars）與愛德華・奧古斯蒂・皮捷特（Edward Auguste Piguet），在布拉蘇絲創立了愛彼（Audemars Piguet）。這些知名品牌，當初都是在汝拉山谷的各個山村小鎮中，從成立製錶工坊起家的。

　　汝拉山谷已經成為瑞士的製錶重鎮之一，甚至還有鐘錶山谷的美譽。如今寶璣（BREGUET）、寶珀、百達翡麗（Patek Philippe）等大廠也在這裡設置了製錶廠房。

　　汝拉山谷至今仍是一個遠離塵囂、隱密清幽的山村谷區，雲霧繚繞的環境、高冷的氣候條件，也鮮少有觀光客造訪此地。在如此純樸的深山之中，卻製作出令全世界有錢人著迷的高級腕錶，想來也是很不可思議。

　　日本諺語中，「起風的時候木桶店就會賺大錢」，用以比喻出乎意料的發展。回顧歷史，當初又有誰能想到法國的國內動亂，最後竟成就了瑞士製錶產業的蓬勃發展呢？

3

鄉下鐘錶匠，
打造高精準度航海鐘

　　自從走入智慧型手機盛行的網路時代，現代人出國再也不用特地帶上紙本地圖，但是在以前可完全不是這樣。

　　我第一次的海外出差是在 20 年前，目的地是倫敦。當時是要去採訪一家旅遊書上沒記載、行家才知道的私房店，於是我帶著厚厚的地圖書《LONDON A-Z》，到了當地後，聽從當地人員的指示去現場調查，一邊翻著地圖，一邊對照街頭巷尾的地名，好不容易才找到那家店。而現代人只要一臺智慧型手機，利用手機的 GPS 功能，目的地的位置、路線等資訊都能一覽無遺，再也不用擔心迷路。

　　GPS 功能，也就是全球衛星定位系統，最少需要 4 顆 GPS 衛星，才能迅速定位出用戶端在地球上所處的位置（經緯度），及海拔高度。例如日本出版社光文社所處的大樓，其位置用經緯度來表示，就是北緯 35.716867、東經 139.729025。地球上的所有位置，都可以用經緯度來顯示。

　　那麼，在 GPS 尚未出現、甚至連正確的地圖都沒有的時代，旅人們又是如何測量經緯度？如何在旅途中掌握自己的位置？若是在陸地上，山脈或河川大概可以當成指標；但若是在一望無際的海上呢？放眼望去是無邊無際的海面，想要確認自己的所在位置，應該很困難。

　　緯度是以太陽及星星等天體的運行位置，來當作標示。以赤道（緯度零度）為基準，晝夜等長的春分及秋分之時，太陽運行通過的路徑，將地球劃分為北緯與南緯。航行中的船隻想要測量緯度時，白天就以太陽、夜晚就以北極星（南半球的話則以南極座）的位置來計測。例如，從抬頭可見北極星的角度來說，越往北則角度越高，越往赤道則角度越低。航海士使用四分儀或六分儀來測量看北極星的角度，就可以藉此得知船隻所在位置的緯度，但是經度還是不知道如何計測。

　　在大航海時代（15 世紀中期～17 世紀中期）時，航海冒險是一場又一場的賭注。赫赫有名的瓦斯科·達伽馬（Vasco da Gama），及克里斯多福·哥倫布（Christopher Columbus）等能名留青史的航海家，他們的運氣真的是非常好，畢竟有更多的船隻，是沒沒無聞的藏身在大海之中。當在海上迷失自己的位置及方向，匆匆忙忙想要趕快找淺灘上岸，卻不慎觸礁或是偏離航道，結果遭遇船難，這類悲劇在歷史上屢見不鮮。

　　因此，歐洲諸國幾乎都傾全力，想要找出能正確測量經度的方法。只要能正確測量經度，就可以開拓安全的航路、發展貿易，為國家帶來莫大的利益。英國甚至在 1714 年成立經度評議

在大航海時代之前，尚未有正確測量經度的方法。19 世紀之後，航海天文鐘經過各種改良。為了在劇烈搖晃的船上也能保持水平，通常會安裝在一個能朝兩個軸向擺動的穩定環架上。

圖片提供：漢米爾頓。

委員會，提供了價值約現代上億日圓的超高額獎金，就是想要得到可以正確測量經度的方法。

　　當時亦有非常多的天才參與了這項計畫。例如，發現萬有引力法則的艾薩克・牛頓（Isaac Newton），他在研究初期的階段，發現使用時鐘就可以測量經度。

　　地球的自轉週期約為 24 個小時，也就是說，每 15 度就會產生 1 小時的時差，所以，從船隊出發的港口（母港），太陽在最高處（亦即影子最短）的上中天時間測量，利用太陽及影子的位置和角度，就可以推算出母港距離東邊或西邊各有多遠。若是上中天時間早了 2 個小時，那就代表母港距離東邊約有 30 度；若是上中天時間遲了 1 個小時，代表往西邊前進了 15 度的距離。

　　但是，船隻會因為海浪而激烈搖晃，溫度與溼度的變化也很劇烈，當時的技術，還無法做出在船上也能正確顯示時間的鐘錶。因此牛頓就改用天文學來研究其他計算經度的方法。然而研究遲遲沒有進展，就這樣過了二十多年。

　　當時英國的經度計測法，是以觀察月相為研究主流，其核心人物，就是發現哈雷彗星的愛德蒙・哈雷（Edmond Halley）。就在這個時期，**來自鄉下木工家庭的鐘錶匠約翰・哈里森（John Harrison），在 1735 年製作出名為 H1 的高精準度航海鐘**，而這個航海鐘也獲得英國經度評議委員會的青睞。隔年，一艘通往里斯本的船，就搭載了 H1 航海鐘，藉此測試性能，結果航海鐘的表現相當出色。之後，約翰・哈里森陸續製作了內部機構小型化的 H2、性能更加提升的 H3。經過不斷努力，約翰・哈里森終於

在 1760 年，完成了直徑 15 公分的航海錶 H4，它讓從英國出發至牙買加的船隊，來回航路的誤差僅在 2 分鐘以內。但是，重視威權主義的天文學派精英們，不願意承認這個來自鄉下的鐘錶匠竟能完成此創舉；經過反覆的爭論與驗證，約翰・哈里森最終才在 1773 年正式獲得經度評議委員會的認證。

1775 年，就在約翰・哈里森逝世的 8 個月前，詹姆斯・庫克（James Cook）出海探險時，帶上了 H4 的複製品（當時為了內部檢查，而讓其他製錶師依照設計圖製成的複製品），最後庫克船長平安完成探險歸來，並在航海日誌中寫下「H4 是完美的海上領路人」這樣的讚賞。而這趟航海的成功，也正是英國終於製作出完美的高精準度航海天文鐘的最佳證明。

英國船隊能在海上正確掌握所在位置，不只發展了貿易，也開始了殖民的大業，最後成就了日不落帝國的豐功偉業與巨大財富。而這一切，都源自於鄉下木匠出身、原本沒沒無聞的平民鐘錶匠，這段富戲劇性的歷史故事在後人讀來，著實非常有趣。

4

從燒毀街道的大火災中重生，
瑞士最知名的鐘錶之城

　　日本汽車生產商大發工業的總公司位在大發町，群馬縣也有
SUBARU 町，愛知縣也有豐田町。大型製造業的公司及其生產
工廠，因為採 24 小時輪班制的關係，從業人員一多，漸漸的就
會在當地形成生活圈，最後變成一個城鎮，甚至企業名也直接變
成地名，這點相當有意思。不過，瑞士更是出人意料，竟然在都
市計畫中規畫了一個完全以鐘錶產業為中心的都市。

　　拉紹德封（La Chaux-de-Fonds）是瑞士著名的製錶城鎮，鄰
近法國邊境。地處標高約 1,000 公尺的山中，人口約 3.9 萬人。
這裡是瑞士法語圈中第三大的都市，居民占全國人口約 0.46%，
用日本的人口比例換算，則大約有 57 萬人！儘管在瑞士算得上
大城市，但由於地處山中，交通實在不方便。

　　為什麼拉紹德封會成為瑞士的製錶重鎮並蓬勃發展？

　　直至 17 世紀為止，拉紹德封一直都是知名的馬的生產地，
有許多買家、仲介商，從四面八方來到這裡買馬。當時有一名見

習鐵匠丹尼爾・尚維沙（Daniel JeanRichard），他因緣際會得以
幫這些外地來的商人們修理懷錶。

　　商人們所持有的懷錶，都是以當時的最新技術所製，少年丹
尼爾・尚維沙很快就搞懂懷錶的機械構造，不久就能以一己之力
製作懷錶。這項工藝技術，漸漸的在拉紹德封開枝散葉，逐漸形
成專業化的產業；而後也開始承接來自日內瓦製錶廠的外包業
務，產業規模日漸茁壯，到了 18 世紀中期，已有三分之一的人
口，都從事鐘錶相關的產業。

拉紹德封的城市布局就像棋盤一般井然有序。建築物的高度相當一
致，就連設計風格都有統一感。整個城市儼然是超大型的鐘錶工廠，
是相當有規畫的製錶之城。

　　事實上，真正讓拉紹德封擴大發展鐘錶產業的關鍵，是1794 年當地的一場大火。無情的大火將街道燃燒殆盡，為了重建家園，當時的人們決定以當地的主要產業——製錶為中心，來重新規畫城鎮。

　　首先以向南的斜坡為基礎，將街區規畫成棋盤式分布，3、4 樓層高的建築物並排，且必定要在建築物的南側設置庭院；所有的建築物裡，都規畫了製錶師的工作室，還務必要配置在太陽光照得到的位置。為了讓建築物內部在冬至時，也能照到充足陽光，因此不能蓋得太高；為了抵擋高地的寒冷氣候，裝設大片的窗戶，也是這裡的建築特色。如此徹底打造了製錶師專屬的製錶城市，讓拉紹德封的製錶產業不只起死回生，發展更勝以往。

　　經濟學者暨革命家的卡爾‧馬克思（Karl Marx）曾經到拉紹德封訪察，他在代表作《資本論》提到：「這裡就像一個巨型工廠城市。與一般資本家及勞動者互相對立的城市截然不同，拉紹德封是以打造出更優良的鐘錶為目的而形成的都市，在這裡生活的每一個人也都有著相同的目標，於公於私也互相合作、幫助。拉紹德封的居民，可說是社會主義的理想型實踐之一。」

　　浴火重生後的拉紹德封將一切都投注在製錶產業，從山中村落到現在的大都市規模，再再證明了該地的發展性。如此特殊的都市規畫屢屢受到好評，2009 年，它和鄰鎮勒洛克勒（Le Locle），一起被登錄為聯合國教科文組織世界文化遺產。瑞士的製錶產業深入民間，在城市之中牢牢扎根，成為一股莫大的力量，持續支持產業發展。

5

美國槍械產業，
也是促進鐘錶發展的推手

　　瑞士的鐘錶品牌大都受到法國的影響，品牌名中有不少都是人名，抑或是源自於法語。但是**瑞士錶品牌之一的 IWC SCHAFFHAUSEN 萬國（以下簡稱萬國）**，原本的品牌名稱是 International Watch Company。**它是由美國人佛羅倫汀・阿里奧斯托・瓊斯（Florentine Ariosto Jones）於 1868 年所創立的品牌**，他抱持著這樣的目標：「將美國優異的鐘錶製造技術，結合瑞士的職人技藝，就能打造出品質優良的腕錶。」特地來到瑞士並成立了品牌。

　　美國優異的鐘錶製造技術是指什麼？雖然現在瑞士幾乎等於是鐘錶的代名詞，但其實美國的鐘錶產業也曾領先世界，風光一時。而美式風格的生產技術，也大大影響了瑞士的製錶產業。

　　說到美國的鐘錶產業，是在 18 世紀前半，來自英國的移民將技術帶進了美國。然而，當時的美國地廣人稀，新住民們也都分散四方，因此鐘錶的製作與生產方式並不像歐洲，擁有技藝的

工匠沒有聚集在同個地區，導致整體的製錶水準差強人意。

進入 19 世紀後，兩大知名製槍品牌溫徹斯特（Winchester）與柯爾特（Colt），以及美軍的軍工廠，逐漸建立了**使用工作機械來大量生產的製造模式，通稱美國製造**。

重視大量生產技術，有幾項重點：

1. 商品設計統一規格化。
2. 各項作業明確分工。
3. 使用自動化機械。
4. 生產可供替換的零件備品。
5. 大量生產商品。

也就是說，不只以生產高品質商品為唯一目的，也考慮到當商品故障時，立即可以更換零件，以提升商品的便利性。

這套美國製造的生產思維，後來催生出福特汽車，也讓美國展現了強大的工業實力，進而掌握了世界霸權。鐘錶產業也採用此項生產技術，且大量生產的好處就是可以壓低成本。

相較於高貴的瑞士錶，美國製的腕錶就顯得物美價廉，因此對瑞士錶造成了很大的威脅。

瑞士屈指可數的高級奢華名錶品牌百達翡麗，其創辦人之一安托萬・帕特克（Antoine Patek），曾於 1854 年，造訪位在麻薩諸塞州（簡稱麻州）的大型鐘錶製造公司沃爾瑟姆（Waltham）。當時的沃爾瑟姆號稱可年產 10 萬個鐘錶製品，

工廠內有大量利用蒸氣運作的自動化機械，寶石軸承的裝置與鑽眼旋盤加工等作業，都交給機械代勞。美國大量生產的鐘錶，不僅價格便宜，還能正確顯示時間，因此很快就在市場上超越了瑞士錶。也正因為如此，萬國的創辦人才會想將美國製造的做法引進瑞士，並在瑞士成立了 International Watch Company。

但是安托萬認為，此舉根本是對瑞士鐘錶文化的一種褻瀆，他對此憤慨不已。1876 年，在費城世博會上，百達翡麗發表了搭載萬年曆、三問（見第 137 頁）、月相（見第 128 頁）、計時碼錶（見第 126 頁）等功能超級複雜的手錶。透過精密又美麗且稀有的超級錶款，強力展現瑞士錶的精緻細膩。

有趣的是，沃爾瑟姆在費城世博會上發表的是自動螺絲製造機。手錶之於瑞士是藝術品，之於美國卻是工業製品，兩者之間的差異可說是有如鴻溝般巨大。但是，美國製造的生產方式，依然一點一滴滲透進瑞士國內。

19 世紀之後，浪琴（LONGINES）、歐米茄、天梭（TISSOT）等，標榜所有製錶零件都由自家原廠一條龍製造的品牌大廠開始增加，且旗下錶廠也都經過整合，讓生產環境更有效率。另一方面，美國的鐘錶產業最終不敵懷錶走入歷史、腕錶起而引領的時代變遷，瑞士也就奪回了製錶產業的霸權。

儘管如此，還是希望各位讀者不要忘記這段有意思的歷史，美國重視效率的工業風格，也是促進鐘錶產業發展的推手之一。

6

世界第一只腕錶
怎麼來的？

　　以男性讀者為取向的雜誌，重頭戲通常都是腕錶的企劃專欄。鐘錶店所陳列的款式也多展示男錶；目前的腕錶市場，仍是以男性消費者為主力。

　　一般男性身上所能佩戴的首飾種類相當稀少，因此錶迷、收藏家、愛錶家皆以男性居多。但若我們回顧鐘錶的發展歷史，會發現最想將錶戴在身上的，其實是女性。

　　機械式鐘錶經過時代變遷，變得越來越小，到了 17 世紀中期，則以懷錶為大宗，但當時的懷錶大小對貴婦來說，還是太大了，因此經常引起她們的不滿。再加上貴婦人穿的禮服，並不像紳士服那樣有設計口袋，當時女性的正裝根本不適合收納懷錶。

　　為此，貴婦人們會特地請製錶師製作體積更小一點的懷錶，然後掛在珠寶腰鍊（Chatelaine）上，就像墜飾一般，如此也別有樂趣。

　　小型化的懷錶，也隨著時尚潮流的腳步改變型態，例如墜飾

型、別針型等。到了 1810 年，世界上終於誕生出第一只腕錶！**拿破崙的妹妹卡羅琳‧波拿巴（Caroline Bonaparte），也就是**日後的那不勒斯皇后，她**向鐘錶史上赫赫有名的天才製錶師亞伯拉罕－路易‧寶璣（Abraham-Louis Breguet）下了訂單，寶璣為她打造了一款手鐲錶**，一般認為這就是世界上第一只腕錶。

另外，瑞士的第一只腕錶，其實也是為了一位女性而發明的女用錶。那就是 1868 年，匈牙利的科斯科維奇（Koscowicz）伯爵夫人所購買的手鐲錶，這款錶由百達翡麗製作，不只作工精細、品質優良，就連上面裝飾的珠寶造型都是高水準。女性想將美麗又脫俗的鐘錶佩戴在身上的這份熱情，讓製錶技術有了飛躍性的成長。

對於男性來說，懷錶並沒有造成他們的不便，因此男性用腕錶則是到了非常後期才出現。而其問世的契機，是戰爭。隨著時代進步，戰場上越來越講究戰略，何況連飛機都加入戰局。軍人們實在沒有餘裕在戰場上，還要拿出懷錶來對時。1880 年，德國皇帝威廉一世委託瑞士的芝柏（Girard-Perregaux），為德國海軍將領製作一批錶。

當時芝柏所做出的錶，就是將懷錶加上皮革錶帶，佩戴在手腕上，這也被認為是世界最早的男用腕錶。後來，這種可佩戴在手腕上的懷錶，深受戰場士兵的好評，越來越多的士兵都開始把懷錶加上錶帶佩戴在手腕上。於是，男用腕錶就以軍用錶的姿態，站上了鐘錶史的舞臺。

那麼，以裝飾為目的的男性腕錶，又是何時才誕生的？

寶璣

Reine de Naples 8918：將初代寶璣大師所製作的世界第一只腕錶的錶殼，以現代美學重新設計。鵝卵型錶殼則為其特徵，錶盤及指針時標，皆以大明火琺瑯（Grand Feu Enamel）工藝精製。

自動上鍊（Cal. 537/3）、18K 白金錶殼、錶徑 36.5×28.1 毫米、防水性能 3 巴。

Vincent Wulveryck, Cartier Collection © Cartier

價格：約新臺幣 1,206,000 元

照片為卡地亞（Cartier）於 1912 年製作的 Santos de Cartier。當時巴黎的艾菲爾鐵塔象徵著最新技術，而這只錶便是以艾菲爾鐵塔（按：此鐵塔曾是世界最高人造建築）的鋼架鏤空結構、高度為靈感，在錶圈加上螺絲裝飾。

Vincent Wulveryck, Cartier Collection © Cartier

　　1904 年，卡地亞的 Santos de Cartier 系列問世了，這是路易・卡地亞（Louis Cartier）為了實現航空先驅亞伯托・桑托斯－杜蒙（Alberto Santos-Dumont）的願望而設計的腕錶，流線優雅的幾何形狀錶殼及錶圈，是這款錶的特徵。

　　高雅脫俗的珠寶設計，正是卡地亞的強項，讓男性也能佩戴體積小、卻精緻優雅的腕錶，像是一種專屬於男性的時尚。這份追求時尚與流行的熱潮仍持續延燒，至今也催生出各種不同風格的腕錶。

7

明治維新
改變了日本的時間

　　機械式鐘錶的技術與文化，都是誕生於歐洲，當中又以瑞士為最強勢主流。一年平均有將近 120 萬只腕錶，從瑞士出口到日本。那麼，歐美的機械式鐘錶又是什麼時候來到日本？

　　根據現存最早的紀錄顯示，在 1551 年，歷史上有名的傳教士方濟・沙勿略（Francisco de Xavier），為了取得官方的天主教傳教許可，他晉見了當時的周防國（約位於日本的山口縣）大名大內義隆，而他所準備的贈禮當中，就有機械鐘，但目前已經消失了。

　　日本現存最古老的歐洲製機械鐘，保存在靜岡縣久能山東照宮，是 1612 年，墨西哥總督送給德川家康的西洋時鐘。

　　天主教的傳教士們，在教會裡成立了職業訓練學校，將西洋技術帶進日本，其中也包含鐘錶的相關技術。

　　對當時的日本來說，製作鐘錶固然是嶄新的技術，但只要學會機械相關的知識，蒐集素材以及零件加工都不是難事。因此，

當時的日本將軍及大名，會讓旗下的鐘錶匠製作鐘錶。

不過，這在當時仍屬於貴族之間的小規模活動，並沒有引起外國的注意。最主要的原因，是日本的鐘錶並不適用於歐美地區。歐美自從誕生了機械鐘後，便採用了定時制，也就是將一天劃分為固定的 24 等分（24 小時）。但日本採用的卻是不定時制，甚至還一直沿用至江戶時代。

日本的不定時制，雖然一樣是將一天劃分為 24 個時段，卻是用日出與日落來劃分白天與夜晚，然後把白天與夜晚各分成 6 個時辰（12 小時），且日出之後才算白天時辰，日落後才用夜間時辰。因此，隨著天體運行與四季，日與夜的長度是此消彼長，天天在變。為了對應這複雜的時間環境，江戶時代的鐘錶匠們可說是下足了工夫。

符合日本環境的和時計（日式時鐘），可藉由人工調整砝碼的位置，讓時鐘在白天與夜晚的走速不同，並能自動切換日夜走速，這需要非常厲害的鐘錶技術才能辦到。

即便是現代，日本的技術在不少領域都會被揶揄是閉門造車，看來在鐘錶這方面也是如此。

到了明治維新，日本全面改成定時制，此舉讓日本的鐘錶文化突飛猛進，追上歐洲的水準。現在的精工，前身為服部鐘錶店，他們於 1881 年開始進口外國鐘錶來販賣，並展開維修事業，1892 年成立了鐘錶製作工廠精工舍，開始製作國產鐘錶。

不論當時是在何種形式下接觸了歐洲的鐘錶文化，後來的日本都快速投入進製錶產業，也成立了不少品牌，持續努力與瑞士

「櫓時鐘」因其外型而得名（按：櫓為一種建築物，在日本古代，具有保管武器、作為瞭望臺等功能），梯形底座中有重錘作為鐘擺，頂端設有顯示時間的裝置。正面則有德川家的家徽。

圖片來源：SEIKO 精工時鐘博物館銀座館。

抗衡。當初被揶揄是閉門造車的不定時制，卻也讓日本發展出獨特的技術與創意，這些歷史精華累積下來，讓現在的日本製錶師們繼續成長茁壯。

8

都在同一經度上，
為何時差不一樣？

當你人在國外，晚上睡得正熟時，突然有人打電話來，一看發現是來自母國的電話……相信各位應該都有過這種經驗，這就是時差所導致的狀況。

人類越來越頻繁的前往世界各地旅行、活動，因為時差而衍生出的煩惱也與日俱增，尤其現在越來越多場合需要採線上即時會議，對於身處於不同國家的人來說，極可能會有時間太早或太晚的問題。

人們是從什麼時候開始，有了時差的概念？

最一開始的時候，機械式鐘錶是作為教堂的鐘塔而製成。每天在固定的時刻響起鐘聲，表示該休息或祈禱的時間到了；鐘聲可以傳達的範圍，等同於該教會的權力領域，因此時刻與鐘聲，就成了該地的生活法則。也因此，每個城鎮開始一天的時間都不相同，甚至可以說是各自為政。

在人們還是以馬或雙腳為主要代步工具的時代，由於與遠方

人們的交流機會甚少，因此並不覺得各地的標準時間不同有何不便。但到了 19 世紀初期，英國發明了蒸汽列車之後，一口氣大大拓展人類可移動的距離，時間的問題也一一浮現。為此，英國以格林威治天文臺的鐘錶為基準，重新設定統一的標準時間，讓列車的運行及鐵軌切換得以順利無誤差，這才解決了每個地方的當地時間問題。

但是像美國或加拿大幅員遼闊，想要將廣大國土，全部統一使用一種標準時間，實在是非常困難。事實上，1869 年完工的美國大陸橫貫鐵路，當時竟然有 200 個以上的當地時間，想當然爾，當時的火車運行狀況會有多混亂。

面對這樣的亂象，一位**加拿大工程師史丹佛‧佛萊明（Sandford Fleming）**挺身而出。他**提出以位於英國格林威治天文臺的本初子午線（經度 0 度）為基準**，將全球以每 15 度經度歸為同一時區，並以 24 個英文字母命名這 24 個時區（僅 J 和 V 未列入命名）的發想，**開始提倡世界時區的概念**。在佛萊明的努力之下，1884 年的國際子午線會議，正式承認他的標準時間提案，而後全世界都按照這套準則統一了標準時間。如此，也就誕生出時差這個概念。

制定國家標準時間，這其實與國家政策、國與國之間的政治角力有很大的關係，各國都會有一套對己有利的方式，來制定自己國家的標準時間。例如，法國當初原本非常反對以格林威治天文臺的本初子午線為基準，而法國與英國幾乎處在相同的經度，法國卻特地選定 +1 小時為國家標準時間；冰島的首都雷克雅維

江詩丹頓（VACHERON CONSTANTIN）

OVERSEAS 世界時間：搭配專利機械裝置，可顯示 37 個時區的時間，錶盤上載有 24 個時區的代表都市名稱，讓人一眼就可以得知全世界的時間。此款可說是專為世界旅行者而生的世界時間錶。

自動上鍊（Cal. 2460 WT/1）、精鋼錶殼、直徑 43.5 毫米、防水性能 15 巴。

價格：約新臺幣 1,170,000 元

克的經度為西經 21 度，卻刻意選擇了與英國相同的 +0 小時為國家標準時間。

另外，作為世界上國土面積最大的國家俄羅斯，橫跨了 11 個時區，也就是有 11 種標準時間；但同樣國土面積廣大的中國，卻是全國統一使用一種標準時間。此外在韓國，曾有國會議員因為不想與日本使用同樣的標準時間，提議將韓國的標準時間向後推遲 30 分鐘（按：韓國的標準時間現在仍和日本相同）。

目前全世界已經增加到 40 個時區，這是為了讓各地的正午時分能最接近太陽高掛的時刻，而以 15 分鐘或 30 分鐘進行調整的結果。順帶一提，全世界規模最小的時區，是位在澳洲南部的一個小鎮尤克拉（Eucla），當地的時區是 +8 小時 45 分（又稱中央西澳時區）。據說過去當地的電信業相當繁榮，但現在只剩下以服務旅行者的飯店，及少數住宅還留在此地，因此使用這個時區的人數，大概只有一百多人。

航空技術的進步以及網路的普及，讓世界變小了。正因如此，現代人必須更加熟悉時差，有效率的調整自己的作息。而腕錶的時差調整功能，則有格林威治時間（GMT）、世界時間、兩地時間、本地時間，這 4 種最為常見，由此可見，調整時差對忙碌的現代人有多麼重要。

或許對於現代人來說，要應付時差很麻煩，但也因為有了時差，世界才能順暢運作。

9

第二次世界大戰，
拯救了德國的鐘錶市場

　　說起德國品牌，提到汽車，你一定聽過賓士（Mercedes-Benz）、保時捷（Porsche）、奧迪（Audi）；說到家電，也有美諾（Miele）、百靈（BRAUN）等世界知名品牌；而家具則有維特拉（Vitra）、羅福賓士（Rolf Benz），也是水準出眾。

　　德國製造，同時也等於是有口碑保證的高級品牌。然而，擁有如此多高級品牌的德國，在頂級名錶方面卻相對弱勢。當然，資深錶迷或收藏家，肯定對德國的名錶品牌如數家珍；但對一般人來說，要買名錶時，第一時間不太會想到德國。

　　其實德國的製錶歷史相當悠久。根據紀錄，14 世紀時，奧格斯堡（Augsburg）及紐倫堡（Nuremberg）就已經有金屬細工工匠開始製造機械式鐘錶；而在黑森林地區，則有用木工技術製成的咕咕鐘（布穀鳥鐘）。但基本上，真正的高級腕錶，大都還是從瑞士或法國進口而來。

　　德國製錶產業真正起飛，要追溯至 1845 年。薩克森王國的

宮廷製錶名匠約翰・菲烈特里西・古特凱斯（Johann Christian Friedrich Gutkaes），他的徒弟費爾迪南多・阿道夫・朗格（Ferdinand Adolph Lange）將現代化製錶工藝技術，帶進了位於德勒斯登（德國薩克森自由邦的首府）郊區的格拉蘇蒂。

在過去，格拉蘇蒂出產銀礦，繁榮一時，然而隨著銀礦開採殆盡，19 世紀初，格拉蘇蒂淪為貧困落後的小鎮；但這裡的居民大都是手藝精湛的工匠，朗格就在這裡看見了有如拉紹德封般的製錶產業遠景。於是，他和徒弟們都搬到格拉蘇蒂定居，發展起製錶產業，力圖振興格拉蘇蒂。

格拉蘇蒂距離大都市很遠，周邊也完全沒有能發包製作零件的公司，因此，朗格安排徒弟們分工負責製作製錶所需的零件，並將零件規格化、統一化，如此一來，不只能降低成本，還能從零件開始提升錶的品質。原本在美國及瑞士的大工廠或大企業才能做的一條龍生產線，格拉蘇蒂這個小村鎮同樣也能辦到。

朗格也致力培養新血製錶師，他成立了鐘錶學校，招收波希米亞（現在的捷克）的留學生來學習製錶，還吸收了周邊盛行的金屬裝飾技術，將其運用在製作月相錶上，也鼓勵製錶師們努力發揮創意、設計原創錶款。就這樣，格拉蘇蒂製的手錶漸漸追上瑞士錶的水準，之後也發展出飛行員錶款、為德軍製造軍用計時器等，表現亮眼。

但是好景不常，第二次世界大戰末期，同盟國聯軍對德國進行了好幾次空襲，德勒斯登受到嚴重的破壞，損傷慘重。而當時負責製造軍錶的格拉蘇蒂，也因為空襲而變得殘破不堪。

朗格（A. Lange & Söhne）

LANGE 1：此為朗格於 1994 年，宣示在錶壇重新出發的經典代表作之一。大大的日曆窗格，其靈感源自初代朗格所製作、森帕歌劇院的5 分鐘數字鐘。錶盤上所有的顯示都不重疊，清晰易讀為最大特色。

手動上鍊（Cal. L121.1）、18K 玫瑰金錶殼、錶殼直徑 38.5 毫米、防水性能 3 巴。

價格：約新臺幣 1,303,767 元

蘇聯軍甚至接收了當地的工作機械，導致整個格拉蘇蒂的製錶產業也遭到徹底破壞。戰後，德國分裂成東德與西德，而隸屬於東德的格拉蘇蒂，當地的錶廠一併被收歸為國營事業 GUB（VEB Glashütter Uhrenbetrieb，格拉蘇蒂製錶人民企業），再也無法自由製作鐘錶。

那段時期可說是德國製錶產業的冬眠期，但這也並非全是壞事。我會這麼說，是因為瑞士的製錶產業在這個時期，各個大小錶廠為了在市場上求生存，彼此競爭越發激烈。

1970 年代，日本製的石英錶更是嚴重衝擊了素以機械錶為傲的瑞士錶，再加上匯率問題，許多製錶公司接連倒閉；活下來的製錶企業，則陷入成本難題，還要面臨市場的快速變化。企業徘徊在開發新款腕錶，與堅守傳統及品牌原則之間，整體也是一片慘澹。

但被收歸國有的格拉蘇蒂製錶，反而因東德及共產主義國家的市場需求，得以持續製錶事業。瑞士的錶廠因過度競爭，加上石英錶的衝擊，陷入了市場寒冬，不少優秀的製錶師也面臨失去舞臺，或後繼無人的困境。相比之下，德國的製錶師仍能保住工作，儘管無法自由製錶，可是技術得以持續精進且傳承下去，也算是因禍得福。

1989 年因東西德合併，GUB 解散之後，朗格（A. Lange & Söhne）及格拉蘇蒂莫勒（Mühle Glashütte）等過去的製錶名門，一一重起爐灶。格拉蘇蒂鐘錶製造公司完全承繼了 GUB 的資產，並成立了格拉蘇蒂原創（Glashütte Original）這個別具意

義的品牌。

　　德國製錶品牌大都擅長簡約且復古的設計及機械構造，或許是因為冬眠期的影響也說不定。而對於市場來說，多數人並不熟悉德國錶，反而會有種初次相見的新鮮感。

　　從激烈的生存競爭中浴血勝出的瑞士製錶品牌，對於潮流非常敏感，並且隨時確保自家擁有最新的製錶技術，不斷精益求精；而從漫長的冬眠期甦醒重生的德國製錶品牌，不過度追求時尚，腳踏實地製作品質優良的鐘錶，其外型質樸，韻味卻非常深厚，這也正是德國錶最大的魅力。

10

1969 年的石英革命，
你一定要記住

　　1960 年代，世界掀起了一股反文化運動的浪潮。流行音樂、嬉皮、非主流（地下）等，年輕人的喜好與新思維，成為這股浪潮的核心，又與反戰運動及公民權運動融合，形成一股非常強大的社會力量。這股風潮的顛峰期則在 1969 年。

　　美國爵士樂的帝王邁爾士・戴維斯（Miles Davis），將爵士樂融合了搖滾元素，錄製了曠世專輯《即興精釀》（*Bitches Brew*）；當年也是伍茲塔克音樂節（Woodstock Rock Festival）的開辦元年，整個社會都陷入搖滾熱潮之中。即便是現代重新播映，也毫不遜色的經典公路電影《逍遙騎士》（*Easy Rider*），也是 1969 年在美國公開上映；1969 年，也是阿波羅11號登陸月球表面的一年，這個新聞可說是振奮了全世界，人類的足跡終於踏出地球，進入浩瀚又神祕的宇宙。1969 年就是如此精彩又令眾人情緒高昂。而這一年的鐘錶產業，也迎來了許多不可思議的革命性大改變。

首先，就是自動上鍊計時機芯問世。1960 年代的腕錶，幾乎都是自動上鍊機芯的天下，需要三天兩頭親自手動上鍊的機芯，在當時已被視為時代的淘汰品，特別是構造更為複雜的計時碼錶，因為遲遲無法進化成自動上鍊，甚至還被揶揄是化石。

這時，致力於開發自動上鍊計時機芯的大廠，有精工、真力時（ZENITH），以及百年靈（BREITLING）×泰格豪雅（當時的名稱是 HEUER LEONIDAS）×漢米爾頓（當時的名稱是 Hamilton Buren）×機芯改裝結構大廠 Dubois Dépraz SA. 的 4 社聯盟。儘管當時各家大廠，在自動上鍊機芯的開發進展一直都很順利，但始終沒有新的突破。經歷了數年光陰，最後在這場大戰中勝出的是 4 社聯盟。1969 年 3 月 3 日，他們共同發表了世界第一款自動上鍊計時月相機芯 Chronomatic。

Chronomatic 將計時結構與自動上鍊結構，以模組的形式結合在一起，如此劃時代的創新構造，可說是 4 家企業的智慧結晶；錶冠位在反手側邊，在當時也是相當前衛的設計。搭載了這款機芯的計時腕錶，為當時的製錶產業帶來了不小的衝擊。

1969 年秋季，真力時發表了堪稱曠世經典的自動上鍊計時機芯錶款 El Primero。與 Chronomatic 不同的是，El Primero 機芯採一體成形式的設計，高振頻機芯、計時精準可至十分之一秒；更難能可貴的是，直至今日，此款與當年發表的設計幾乎相同，到現在也仍持續生產，真正稱得上是超優秀、高性能量產型計時機芯。

那麼精工呢？其實精工在 1969 這一年，可說是接連重磅出

泰格豪雅

摩納哥（Monaco）Calibre 11 自動計時腕錶：此款的設計風格，完全繼承了自 1969 年誕生的泰格豪雅摩納哥系列特色要素。錶冠設定在 9 點鐘的位置，錶盤為藍色系，錶殼為橫向方形，當年的經典款重點全數保留。

自動上鍊（Cal. 11）、精鋼錶殼、錶徑 39×39 毫米、防水性能 10 巴。

價格：約新臺幣 51,600 元

擊，每一擊都震驚錶壇，將鐘錶的歷史又大大的往前推進。

首先，**1969 年 5 月，精工發表了第一款，日本國產的自動上鍊計時機芯 Cal. 6139，而且比瑞士還要早成功量產**，隔年更是開始變成常態發售的一般市售商品。

精工的攻勢還不只如此。1969 年 10 月，它發表了設計精簡的三指針機械錶 GRAND SEIKO V. F. A。V. F. A 是超高精度調校（Very Fine Adjusted）的縮寫，代表這款是由資深老練的製錶師特別調校、講究超高精準度的腕錶。為了要在高手雲集的瑞士天文臺競賽中勝出，精工用上了各種壓箱寶，此款竟然創造出量產腕錶誤差±2 秒的傳奇紀錄，也是高精準度機械錶的最高峰。不過，同年的 12 月 25 日，精工發表了一款讓所有機械錶在精準度方面，從此望塵莫及的驚人錶款，那就是世界第一只石英錶 SEIKO Quartz Astron。

為了與瑞士的勢力抗衡，精工可說是賭上身家、拚盡全力在研發更新的技術。精工所研發的世界第一只可量產石英腕錶，在當年不只是領先全球的技術，更是為人類的鐘錶歷史帶來劃時代的革新，提升人類的生活效率與便利性，堪稱腕錶界的石英革命。而精工居然選在同一年先後公開發表 Astron 與 V. F. A 兩款腕錶，除了可見日本亟欲超越瑞士的決心，也不得不讚嘆其驚人的技術實力。

在 1969 這一年，精工成功打破了「鐘錶＝瑞士」的既定印象高牆，人們使用腕錶的習慣，也從這一年開始有了巨大的轉變。1969 年對製錶產業來說，可說是改朝換代的重要年分。

11

瑞士錶也曾跌落寶座

　　日本比較年長的資深鐘錶記者，以前在前往瑞士訪問取材時，可能都曾聽過瑞士的老牌製錶師說過類似的怨言：「我們可是被你們日本的製錶品牌給害慘了呀！」然後訪問過程似乎就會不太順利。

　　現在坐穩世界腕錶領導者寶座的瑞士錶，其實在 1970 年代，曾經面臨嚴重的存亡危機，而這都是拜精工於 1969 年 12 月 25 日公開發表的 SEIKO Quartz Astron 所賜。

　　追根究柢，腕錶的最基本功能就是精準報時。然而，對機械錶來說，不管多認真上鍊，精準度還是會有日差 ±2 秒（一天會產生 ±2 秒的誤差），但是精工的這款 Astron，精準度竟然是月差 ±5 秒（一個月會產生 ±5 秒的誤差）。兩者的性能差異之大，根本無法在同一個水準上比較。也因為如此，傳統瑞士機械錶的存在意義，受到莫大的挑戰，以往由瑞士錶獨占的市場，也漸漸產生動搖與變化。

　　會演變成此種情況，除了精工的戰略奏效之外，瑞士輕敵怠

慢的心態也是原因之一。

日本的製錶產業原本就是從模仿瑞士起家，而地位有如正統掌門人的瑞士，一開始根本不把日本放在眼裡。但是，1964 年的東京奧運，讓製錶產業開始吹起了不一樣的風向。

精工時任東京奧運的官方計時，並將高精準度計時機械鐘錶，以及方便攜帶、機動性強的高精準度計時石英鐘錶引進大會，讓當年的東京奧運辦得非常風光。以往的奧運官方計時，都是由擁有瑞士最高技術美譽的歐米茄或浪琴來擔任，精工就像初次登場的不知名新人，卻交出如此優異的成績單，著實震撼了錶壇。另一方面，精工也開始參加瑞士的天文臺計時競賽，這也是堪稱集結了全世界製錶精準度技術之最高殿堂的激烈競賽。

1964 年，精工開始參加紐沙特天文臺競賽，在 1967 年分別獲得第 2 名及第 3 名的佳績。至此，精工在機械錶的領域中，可以說是與瑞士不相上下。1969 年問世的 SEIKO Quartz Astron 更是讓精工站上高度精準鐘錶的新高峰。

日本製錶產業所研發成功的石英錶，讓日本很快就成為僅次於瑞士的鐘錶生產國。但當時的瑞士仍自滿於瑞士錶的精美與高價值，對於自己的地位優勢深信不疑。不過，瑞士的製錶產業環境原本就相當封閉且排外，除了製錶廠的腹地，其他地方連鐘錶的零件都找不到。長年來故步自封的瑞士錶界，會對日本不屑一顧也並不意外。

事實上，1973 年時，瑞士的鐘錶總生產量是 8,430 萬個，日本則是 2,804 萬 6,000 個，當時的日本，確實談不上是瑞士的對

手。但精工腳踏實地透過戰略，一步一步縮小了瑞士包圍網。它最有力的武器，就是搭載了高功能、高精準度的石英錶 SEIKO Quartz Astron。並且，精工努力建立美國、倫敦、巴黎、米蘭等地的販售通路，藉此提高品牌知名度。

另一方面，由於瑞士法郎幣值的高漲，導致出口量急速下降；受到匯率差額的影響，再美的藝術精品，也會因為不合理的

1969 年 12 月 25 日開始發售的 SEIKO Quartz Astron。精準度約是機械錶的 100 倍，採用黃金錶殼，售價為 45 萬日圓。是具有特殊意義的超級經典腕錶。

昂貴價格而失去魅力。這時期的瑞士製錶商們開始接連陷入經營困難。1979 年時，日本的鐘錶總生產量終於超越了瑞士。

從模仿起家的日本製錶，竟然在 1970 年代超越了瑞士。據說當時瑞士的製錶師中，甚至還有人放下了鑷子、改拿起梯子，轉行去當建築工人。或許也正是因為這段歷史，讓瑞士的老牌製錶師們，對日本的製錶品牌心懷怨恨吧。

當然，現今日本的製錶產業，與瑞士的交情相當好。現在的日本鐘錶記者去瑞士訪問時，不管提問多深入的問題，瑞士的製錶師們都很樂意回答。或許是因為撐過慘澹時期、重回帝王寶座的瑞士製錶產業，終於又能以勝利者的姿態展現風範吧。

12

誰決定了手錶的個性？

在時尚界裡，有 LVMH 集團，旗下擁有 LV（Louis Vuitton）、寶格麗（Bvlgari）等頂級名牌；開雲集團（KERING），旗下擁有古馳（GUCCI）、YSL（Yves Saint Laurent）等頂級品牌。這兩個集團可說是時尚界巨頭，同時也是世界級的奢侈品綜合企業的兩大重要勢力。它們擁有莫大的影響力，幾乎足以左右時尚界的未來。

製錶產業也一樣，有歷峰集團（Richemont）、斯沃琪集團（Swatch Group Limited）、LVMH 集團等三大強勢集團。這三個集團的決策，也會大大影響腕錶界的走向與風格。

世界最大的腕錶生產商斯沃琪集團，與瑞士製錶的近代史關係匪淺。原本瑞士的製錶產業大都是家族經營的小公司，為了應付貿易及追求永續經營，漸漸有某幾家聯合起來，整合資源，變成集團經營。這樣或大或小的集團，在當時有好幾個，其中最具有代表性的，就是 1930 年成立的瑞士鐘錶工業聯合公司（SSIH），以及 1931 年成立的瑞士鐘錶工業總公司

（AUSAG）。這兩家集團又於 1986 年合併，並成立瑞士微電子與鐘錶工業集團（SMH，以下簡稱 SMH 集團），而時任SMH集團經營顧問的人物，就是後來斯沃琪集團的創辦人尼古拉斯・海耶克（Nicolas Hayek）。

海耶克出生於黎巴嫩，一方面相當尊敬瑞士的鐘錶文化，同時也看中瑞士製錶的品牌實力，決定要製作價廉物美的塑膠製腕錶，並將其命名為 SWATCH。這款錶上市後大為暢銷，也讓 SMH 集團獲得龐大的利益，並藉此一一收購那些傳統守舊，但手藝精湛的老製錶品牌。SMH 集團日漸壯大，1998 年正式改名為斯沃琪集團。

斯沃琪集團旗下有 18 家製錶品牌：在巴黎相當活躍的天才製錶師寶璣所創立的品牌寶璣、目前全瑞士歷史最悠久的寶珀、繼承了德國製錶文化歷史的格拉蘇蒂原創、以高度精準鐘錶聞名於世的歐米茄與浪琴等，不難看出斯沃琪集團針對每個品牌，都做了明確的市場區隔。

斯沃琪集團將旗下品牌劃分為四大類型：尊貴奢華、高價位、中價位、低價位；透過市場區隔及品牌定位、定價策略，吸引各個不同層面的消費者，網羅並滿足各種需求，針對中價位以下的品牌，則共用集團旗下的知名機芯製作大廠 ETA（ETA SA Manufacture Horlogère）所開發的高性能汎用機芯，亦可選用同集團其他品牌所開發的特殊素材或技術，如此可降低製作成本，又可提升整體的產品水準。

1988 年成立的歷峰集團，一直將斯沃琪集團視為競爭對

手。歷峰集團的創辦人約翰‧魯伯特（Johann Rupert），是以菸草事業獲得巨額財富的南非企業家，歷峰集團旗下名錶品牌有：巴黎最知名的寶石商卡地亞、瑞士首屈一指的頂尖技巧派積家、以知性風格見長的萬國、德國的製錶名門朗格等，總共有 16 個名聲響亮的超強品牌，陣容可說是相當豪華（其中也包括蔻依 Chloé 等時尚品牌）。

歷峰集團的策略，則是採取激烈硬派的良性競爭，旗下品牌皆走頂級奢華路線，每個都擁有屬於自己的悠久歷史與格調，當然，定價範圍與消費者族群也會重疊。可想而知各品牌之間的競爭有多麼激烈，但也因如此，各品牌都是拿出自家品質最優秀的產品，也更認真精進自家的技藝。

目前最能吸引討論熱度以及關注的，還是要屬 LVMH 集團旗下的名錶。

LVMH 集團為世界級的大規模奢侈品集團，但鐘錶珠寶事業旗下僅擁有 4 家鐘錶品牌。素有鐘錶業界經營之神美譽的吉恩－克勞德‧比弗，於 2014 年

尼古拉斯‧海耶克，1928 年出生於黎巴嫩。1951 年移民至瑞士，成立了企業經營顧問公司。斯沃琪集團曾經與賓士共同開發了小型車 SMART 車系。海耶克於 2010 年逝世，現由他的子孫們共同經營斯沃琪集團。

擔任 LVMH 集團鐘錶珠寶事業的總裁，他針對旗下的品牌進行了一項又一項的改革。他並不是改變品牌的理念或傳統精神，而是積極鼓勵品牌挑戰、使用品質更好的素材、製造更加精巧的構造，甚至是設計出從未嘗試過的新風格。歷史文化及聲望兼具的知名老牌真力時與泰格豪雅、出身自羅馬的奢華珠寶名門寶格麗、以獨特風格及特殊構造而擁有高人氣的宇舶，每一個都在比弗的引領下，持續打造出出類拔萃的頂級腕錶。

如果你想找價格符合自己預算的合適腕錶，市場區隔明確的斯沃琪集團就很適合你；如果追求奢華又有淵源的高級腕錶，歷峰集團旗下的頂尖名門品牌一定也能滿足你；又或者你最在乎的是潮流與話題性，想買一只標新立異、與眾不同的特色腕錶，LVMH 集團肯定是不二首選。

現在這個時代，腕錶的風格幾乎是視隸屬集團的策略走向而定，要說企業集團的經營走向，大大影響著腕錶的個性，可是一點也沒錯。

第二章

當時間走進社會，
奢華走入日常

鐘錶將時間變得肉眼可視，自然也成了讓人生更有意義的良伴。腕錶不只是宣示自我風格的裝飾品，更能透過運用方式，來提點自己的生活、滿足人類的知識好奇心，讓人生變得更加豐富多彩。

1
一天不是 24 小時？

我想，現代人基本上都是過著被時間追著跑的生活吧。

這一、兩年來，在家工作越來越普遍，反而會有一種時時刻刻都在工作的感覺，也因此變得很難分配時間。長時間專注於工作，會感覺好像忽視了家人；但多陪家人一點，又好像會影響工作進度。時間管理這門學問對上班族來說，真是越來越重要。

一天這個時間單位，是以太陽的運行為基準而定。事實上，太陽的運行（正確說法應該是地球的自轉週期），其時間長度並不是固定不變。地球繞著太陽轉，稱之為公轉，但其繞行的軌道不是正圓形，而是橢圓形。最靠近太陽時，地球會加速自轉，遠離後又會減速。也就是說，我們以太陽運行推導而出的真正的一天，其實會有長（比 24 小時多一點）、有短（比 24 小時短一點），並非每一天都剛剛好 24 小時整。

一年之中只有 4 天剛剛好是 24 小時整，而最長的一天，大概是 24 小時又 15 分鐘。所以，人們常常說的一天，其實是一個很曖昧的詞。

寶璣

Marine Tourbillon Équation Marchante 5887：寶璣的航海系列時間等式萬年曆陀飛輪腕錶，指針尖端的設計象徵太陽，用以顯示均時差。以這張照片為例，平均太陽時是 10 點 11 分，真太陽時是 10 點 02 分。搭載了萬年曆及陀飛輪，盡展寶璣最拿手的複雜機芯，與精巧的手工裝飾美學。

自動上鍊（Cal. 581DPE）、18K 玫瑰金錶殼、直徑 43.9 毫米、防水性能 10 巴。

價格：約新臺幣 6,936,000 元

當人們還在使用日晷的時代，應該就沒有一天或長或短的問題。但是，當機械錶出現之後，由於時針走一圈就代表一天，如果不能固定一天的長度，就會是個大問題。

因此，人們依據太陽運行所推算出來的真太陽時，將其數據精算出平均值，再制定為時間規則上的一天，稱為平均太陽時，也就是我們所說的一天 24 小時。這套時間規則一直沿用至今，成了鐘錶時間規則上的基準。

現代人常說被時間追著跑，其實這才是時間的真相；或許從另一個角度來看，時間或長或短的真太陽時，恰恰象徵了過去步調的悠閒。

真太陽時的時間規則不適用於現代化社會的運作，但其所象徵的優雅與奢侈，仍令人心神嚮往。因此，製錶師們為了向遠古時代，就能觀測出太陽運行時間的天才們致敬，設計出了時間等式（Equation of Time）這項構造。

腕錶的時間等式功能，就是用來計算每一天的平均太陽時，與真太陽時的差距（均時差），將肉眼看不見的均時差，透過腕錶裡的機械構造，化為可視的結果呈現；除此之外，沒有其他用途。儘管這個功能對於日常生活沒有太大的效益，但對於天天覺得自己被時間追著跑的現代人來說，學會享受時間的彈性與自由，是非常重要的課題。

藉著時間等式來感受太陽與地球之運行，所賦予人類的真正的一天，讓心靈的時間變得自由，聽起來是不是很浪漫呢？

2

裝飾派藝術簡單優雅；
包浩斯美學端正易讀

　　瑞士鐘錶工業聯合會的報告顯示，日本的腕錶消費者在購買時，多重視設計風格。腕錶要戴在手上，而且會一直讀錶，當然想選擇看起來順眼的款式。

　　另外，現在越來越流行線上視訊會議，腕錶也成了在不經意之間展現品味的時尚單品之一。雖說錶迷或收藏家還是最重視機芯的優劣，但外表也相當重要。若說腕錶的外表就占了九成，還真是不誇張。

　　每款腕錶的設計風格，都與當代的流行潮流有關。20 世紀初期，世界才真正進入腕錶的時代。在當時有兩大設計潮流，不只在當代引領流行，甚至對現代的設計美學影響甚鉅。這兩大潮流就是裝飾派藝術（Art Deco）與包浩斯美學（Bauhaus）。

　　裝飾派藝術於 20 世紀初期誕生在巴黎。20 世紀初期也是大量生產、大量消費的社會風氣起步的時期，是最重視速度感及效率的時代。也因為這樣的時代背景，當時的工業製品比起設計，

更重視生產效率，故商品設計大都是簡約風格。

　　若是便宜的日用品，設計風格趨向簡單倒是無妨。但是香水瓶、打火機，甚至腕錶這類的奢侈品，只重視功能性就會顯得很無趣。當時的藝術家及設計師，都對迎合大量生產而犧牲設計心懷抗拒。

　　或許刻板印象中，高效率與藝術性經常是互相牴觸的兩種概念，但在這種時代背景下產生的裝飾派藝術設計潮，可說是折衷了大量生產與藝術元素之下的產物。對於鐘錶設計師們來說，裝飾派藝術恰恰符合他們的需求，而為了市民階層而打造的腕錶，也必須考量到成本，因此裝飾派藝術風格，更適合當時的鐘錶設計師。

　　裝飾派藝術的特徵，就是錶殼線條精細的輪廓與圓形的邊角。在看似簡單的形狀中，加入優雅的小細節，讓製造商與設計師雙方都能接受，可說是絕妙的平衡。另外，鐘錶業界的發展其實是以法語圈為中心，因此誕生於巴黎的設計樣式潮流，大眾的接受度也更廣、更高。時至今日，現代的腕錶設計也仍以裝飾派藝術為主流。

　　包浩斯美學則是誕生於德國的一所建築暨藝術發展學校，該校的名字就叫包浩斯。與裝飾派藝術一樣，都是 20 世紀初期開始流行，但包浩斯美學講究的卻是效率主義。

　　當時的德國為第一次世界大戰的戰敗國，國內正處於混沌不安的狀態，學校也面臨缺乏資金與建材的困境。於是，學校決定販售由師生們所設計製作的產品，也算是幫學校賺取資金。

積家

積家 REVERSO CLASSIC 翻轉系列經典腕錶：受到一位在印度駐軍的英國陸軍軍官之委託，於 1931 年所完成的錶款。錶耳（見第 129 頁）的角度與錶盤的扭索飾紋為其特徵。錶殼可以**翻轉**，翻轉後可以看到背面的非鏤空設計。

手動上鍊（Cal. 822A/2）、精鋼錶殼、錶徑 40×24.4 毫米、防水性能 3 巴。

　　為了迎合當時的消費者喜好且定價必須低廉，因此產品的功能及成本，就是設計時最重要的課題。在這樣的時空背景下，包浩斯最著名的形隨功能，意即形式追隨功能（Form follows function），講究功能的美學概念就此誕生。包浩斯美學可說是製造商與設計師攜手創造的設計風格，簡單又端正的錶殼形狀，與清楚易讀的錶殼顯示，都是包浩斯美學最重視的重點。

　　雖然不如法國，但德國仍擁有強力的製錶產業，許多品牌也都非常擅長包浩斯美學風格。尤其是飛行員腕錶、軍用錶等，經常需要將腕錶當成計時器的錶款，自然就需要包浩斯美學這種簡單明瞭、好讀又好用的設計。

　　與大量生產的時代力量抗衡，將藝術性質的奢華元素，悄悄藏進設計裡的裝飾派藝術；重視生產效率，強調功能性設計美學，且底蘊深厚的包浩斯美學，兩者都是於腕錶時代才被創造出的設計風格，卻大大影響了至今的腕錶設計師。

3

藏在骷髏設計裡的
生死觀

　　現代的服裝設計圖案、塗鴉，或是運動隊伍的標誌圖騰，經常可以看到骷髏的圖樣。墨西哥甚至還有亡靈節這類地方風俗，每年都會盛大舉行。骷髏象徵著死亡，就許多層面而言，其實都是負面印象；儘管如此，長久以來，在全世界各種不同的文化圈之中，或多或少會看到以骷髏為代表的標誌圖騰，為什麼？

　　讓我們將時間背景拉回到中世紀的歐洲。會開始流行骷髏，跟當時歐洲各國盛行的生死觀，有相當密切的關聯。

　　從 14 世紀初期至 16 世紀，歐洲經歷了黑死病的肆虐，幾乎奪去歐洲一半人口的生命；不論身分顯赫的貴族或高官，一旦染病幾乎必死無疑。當時的醫療技術及衛生觀念並不發達，找不到病因，也無法有效治療，這種絕望感重重打擊了社會每個階層。大家從一開始恐懼死亡，漸漸覺得死亡其實近在身邊，反而開始去思考生與死。

　　在這樣的時代背景下，藝術家創作了跳舞的骷髏，來將人

柏萊士（Bell & Ross）

BR 01 LAUGHING SKULL WHITE：充滿立體感的骷髏錶盤設計，
尤其天靈蓋位置的透視擺輪非常搶眼。在為腕錶上鍊的時候，骷髏的
嘴巴會一開一合，這個機關著實非常有巧思。錶帶也刻意設計成白骨
風格。

全世界限量 99 只。手動上鍊、精鋼錶殼、錶徑 46×46 毫米、防水
性能 10 巴。

價格：約新臺幣 339,600 元

類的死亡擬人化，也就是藝術史上的名畫《死亡之舞》（Dance Macabre），而後延伸出 memento mori 的生死觀（原文為拉丁文，意思是莫忘人終有一死）。死亡近在身邊，正因如此，才更該把握時間、珍惜還活著的生命。中世紀歐洲獨特的生死觀逐漸成形。

鐘錶將流逝的時間，轉化成人類肉眼可見的形式，可以說是一種表現生與死的媒介。在有限的人生中，刻畫出有限的時間，同時也是死亡的倒數計時，將骷髏當成圖騰，加入鐘錶設計已不罕見。事實上，骷髏設計所想要傳達的主旨是：人生無常，生命稍縱即逝，應該把握當下，珍惜時間，好好度過每一天。

與骷髏鐘錶關係最密切的，當屬軍用錶。畢竟戰場上宛如與死亡為伍，相信每個上戰場的軍人，都是懷抱著如此覺悟與信念。特種部隊的徽章，大都是骷髏圖騰，除了展現不畏懼死亡的氣勢，也含有活著要好好珍惜，死亡也並不可怕的生死觀。

近年來，也有許多骷髏錶款的設計更貼近文化上的意義，例如，將亡靈節的要素加入設計之中，讓骷髏腕錶看起來更顯時尚與獨特。但其背後的緣由，都是來自於人類面對死亡與時間、莫忘人終有一死的價值觀。

俗話說人生苦短，及時行樂，骷髏設計的腕錶乍看有點詭異，但其所要傳達的意念卻相當正面積極。隱藏在錶中的哲學韻味，值得細細思量。

4

從鑑錶揭發中國高官貪汙

　　瑞士鐘錶的出口排行榜，第 1 名是香港，第 3 名是中國。出口至中國腕錶市場的總金額，近 20 年來竟已成長了 44 倍之多。幾乎可以說來自中國的訂單與消費，大大影響著頂級腕錶的市場。但是，在風光的檯面下，卻有一則不為人知的內幕。

　　「在中國，一定要懂賄賂」，這話時有耳聞。部分中國官僚對收受禮物的態度都很坦蕩，尤其又以贈送高級腕錶的效果最好。畢竟高級轎車的體積龐大又顯眼，腕錶的話，體積小、好隱藏，又能天天戴在手上，讓雙方都能滿意。既然目的是賄賂，那當然是越稀有、越高價的錶，效果才越好，而瑞士製的頂級腕錶，自然就成了賄賂之禮的首選。

　　因為需要行賄，中國的腕錶市場對頂級腕錶的需求是年年攀升，高價位的頂級腕錶貿易看似前途一片光明，卻發生了意想不到的一件大事，徹底顛覆了整個中國腕錶市場。

　　關鍵起源是 2012 年 8 月 26 日，發生在陝西省延安市的高速公路交通意外事件。一輛雙層臥鋪巴士與裝有甲醇的油罐車追撞

後起火燃燒，最後造成 36 人死亡。當時前往現場視察的，是時任陝西省安全生產監督管理局局長楊達才。他抵達現場時，被記者拍到他居然面帶笑容，引起諸多抨擊與爭議。之後，有一個名叫花果山總書記的部落客，注意到楊達才所戴的腕錶。

以他的官階職等所應有的收入，怎麼想都不可能買得起瑞士製的頂級腕錶（例如勞力士、歐米茄等），這位花果山總書記在網路發布文章，透過網路鑑錶一一指出矛盾之處，在網路上掀起出乎意料的廣大熱議。

這下子政府也不能再默不吭聲了。同年 9 月 21 日，中國共產黨陝西省規律委員會宣布，將針對笑容及高級腕錶這兩項問題點展開深入調查，同時也宣布解除楊達才陝西省第 12 屆紀律檢查委員會委員、陝西省安全生產監督管理局黨組織書記、局長之職務。經過法律裁判，楊達才被判有罪，懲處 14 年有期徒刑。

同年 11 月，習近平就任中共中央總書記，上任之後大規模調查官員貪汙，以及是否收賄瀆職；結果一年內竟懲處了 2 萬名以上的官員，中央驚人的魄力，讓整個社會一時之間風聲鶴唳，再也沒有人敢贈送高級腕錶，中國的腕錶市場也瞬間降溫。

在中國，瑞士製頂級腕錶已經與官僚貪汙收賄劃上等號，負面影響已深入人心，往後不知道得花上多少年的時間才能洗去汙名。而曾經喧囂一時，中國人爆買、掃貨高級腕錶的神奇光景，也已經消失不復見了。

5

手錶的使用方式和現在有何不同？名畫有答案

在欣賞繪畫名作等藝術作品時，除了賞心悅目之外，透過作品來了解其誕生的時代背景、歷史文化與蘊藏的意義，也非常有趣。而鐘錶、時間與人類之間的關聯性，也能透過藝術作品來窺知一二。

機械鐘錶過去是以教會鐘塔的形式，率先於 14 世紀問世。經過技術演進，漸漸變得小型化，最終才變成現今可以讓人佩戴在身上的大小。

那麼，機械鐘錶是從什麼時候開始變得便於攜帶？當時又是以什麼樣的形式呈現？使用方式跟現在有什麼不一樣？上述這些問題，都可以在一幅名畫上找到答案。

德國畫家小漢斯・霍爾拜因（Hans Holbein der Jüngere），他是歐洲北方的文藝復興畫家，後來為英國王室服務，他所繪製的肖像畫《亨利八世》，**是現今世上最早將戴在身上的鐘錶畫出的古老名畫。**

　　亨利八世是歷史上有名的暴君，從該幅肖像畫中我們可以看到，他是站著面向畫家，抬頭挺胸，氣勢軒昂；他身著非常華麗的服裝，胸前戴著一個有如墜飾般的懷錶。這幅畫是霍爾拜因於 1536 年～1537 年間所創作，由此可見，當時的懷錶尺寸已經便於攜帶。

　　機械鐘錶，是將人類於天文觀測中所得出的時間抽象概念，透過機械，以具體的方式呈現，可說是人類智慧的結晶。以文藝復興時期的氛圍來說，擁有懷錶，就像是擁有宇宙，亦是最適合進貢給君王的禮物。君王也認為，佩戴懷錶最能展現自己身為帝王的威嚴，也才會讓畫家為自己繪製了那樣的肖像畫。可以說，當時的機械鐘錶已經傾向於小型化（懷錶），而且被視為是時尚單品，而不是日常用品。

　　但對一般庶民而言，鐘錶又是一個什麼樣的存在？農民也好、工匠也好，一般庶民都是日出而作，日落而息。這樣的話，是否就代表一般庶民不需要鐘錶呢？關於這個問題，米勒（Jean Francois Millet）的名畫《晚禱》裡就有答案。

　　這幅畫誕生於 1857 年，畫裡，傍晚時分的馬鈴薯田中，有一對年輕的農民夫婦正雙手合十、站著祈禱。從畫中低著頭的農婦身後，可以看到遠方描繪著一棟代表教會的尖塔，由此得知這幅畫中的農民夫妻，在傍晚時分聽見了遠方傳來教堂的鐘聲，於是他們放下手邊的工作、開始祈禱，同時也代表著結束一天的工作，準備休息了。

　　當時的天主教教徒，向神展現自己忠誠的方式，就是每日在

固定的時間祈禱。教堂也因此設置了鐘塔，配合祈禱時間敲響鐘
聲，用來告訴人們祈禱的時間到了，藉此管理人民的生活作息。
對於當時的一般庶民來說，鐘錶是用來得知祈禱時間的方式，就
像是每天生活都會用到的日常用品。

　　長久以來，鐘錶被認為是財富、權威與權力的象徵，是國
王、貴族，或教會等掌握權力的人，才有資格擁有的東西。而庶
民依循著鐘錶的時間生活，日子受到（擁有）鐘錶（的人）的掌
控。從這個角度來看，將高級腕錶當成時尚單品，享受炫耀身分
地位的優越感；又或者是被時間追著跑，生活被時間所支配、每
天庸庸碌碌過生活……古代人與現代人似乎也沒差多少。

米勒繪製的《晚禱》，遠方描繪著一棟代表教會的尖塔，教堂配合祈
禱時間敲響鐘聲，藉此管理人民的生活作息。

6

追求多元設計選 SWATCH；
想要摔不壞、打不爛，
就選 G-SHOCK

　　當我看到電視正在播談話性綜藝節目時，總是會不經意去注意藝人們手上戴著的錶。例如，當攝影機特寫坐在階梯座位第一排的藝人上半身時，後排藝人的手就會很剛好的被拍進去。這種時候，身為愛錶玩家兼資深錶迷的我，就會忍不住開始鑑錶。例如，「這個藝人戴的是愛彼的皇家橡樹系列啊，還滿常在其他節目中看到他，年收入應該不錯吧？」、「這位明明就有在接廣告代言，怎麼會戴智能錶呢？姑且當作他一時眼光失準好了。」、「這位藝人我不認識耶，但他戴的是卡地亞的錶，可能他混得還不錯吧？」等個人意見。

　　自從手機問世之後，就算沒有戴錶也能得知時間，因此越來越多人開始覺得不戴錶也沒差。但是，正因為不戴也沒差，所以特地戴上腕錶，就像是在宣示自我。我真心認為，那些坐在階梯座位上、錄製節目的藝人們，應該要多花心思，精挑細選能展現

自我魅力的錶才對。

　　強力提倡透過腕錶來展現自我個性的這股風潮，是由兩個品牌引領而起，那就是瑞士的 SWATCH 與日本的 G-SHOCK。這兩個的品牌定位與設計風格截然不同，但都是 1983 年在錶壇出道，至今依然受到全世界消費者的喜愛。

　　SWATCH 推出塑膠製的石英錶，定價約為 1 萬日圓上下，設計風格多彩繽紛，經常與時尚品牌聯手推出聯名款、限定款，或是特殊色系的限量款，可說是卯足全力在提倡「我戴錶因為我開心！」的嶄新價值觀。而 SWATCH 是瑞士品牌這點也是大大加分。尼古拉斯・海耶克領軍制定 SWATCH 的策略並全力投入製作，有如 SWATCH 之父，而他運用典範轉移（Paradigm shift，按：指的是在信念或價值或方法上的轉變過程）的思維，將腕錶的價值，從正確度轉移至流行性，同時也強調瑞士製錶獨具的安心感及品牌價值。

　　G-SHOCK 則是追求極致強悍，多年來始終如一，持續開發耐用、耐摔，又耐撞的強悍腕錶。

　　1983 年品牌初問世時，由於與當時的主流消費習慣有些落差，因此初期銷路並不好。後來，美國卡西歐（CASIO）在電視廣告中，安排一位曲棍球運動員擊中了 G-SHOCK，而 G-SHOCK 經過猛烈打擊後依舊正常運作。這支廣告在當時受到廣大的迴響與討論，還有很多人爭相模仿，想要證實 G-SHOCK 是否真的打不壞，這讓 G-SHOCK 的知名度急速上升。

　　最初，G-SHOCK 是先受到軍人、消防員、警察等強悍男

SWATCH

Gent SIGAN：靈感來自 1983 年代的 Gent 設計，向原創致敬，並融入當代美學重新詮釋。同時採用創新的可再生生物塑料科技製作，是一款重視環保的腕錶。

石英機芯、生物塑料錶殼、直徑 34 毫米、防水性能 3 巴。

價格：約新臺幣 2,200 元

性工作者的喜愛，後來基努・查爾斯・李維（Keanu Charles Reeves）在主演的電影《捍衛戰警》（*Speed*），佩戴 G-SHOCK 的 DW-5600，這讓 G-SHOCK 在日本終於迎來人氣高峰。

不論 SWATCH 或是 G-SHOCK，兩者的共同點就是擁有獨一無二的個性。G-SHOCK 耐衝擊的樹脂製錶殼，厚重又有強大存在感，加上樹脂素材容易著色，流行或色彩翻玩等各種風格都能輕鬆駕馭。強悍更是 G-SHOCK 的最大特色，因此也經常會與極限滑板、極限滑雪板、極限單車（BMX）等極限運動、街頭時尚，或是嘻哈音樂等領域結合，融合多元要素，讓 G-SHOCK 簡直有如掌握了人氣密碼。在消費者眼中，G-SHOCK 儼然已經不僅僅是腕錶，更是年輕人流行文化的一部分。

SWATCH 與 G-SHOCK，在品質方面毋庸置疑，都相當優秀，設計風格也出眾，更重要的是，兩個品牌都擁有喚醒人類行動力的力量。

戴上色彩繽紛的 SWATCH，就會誕生許多流行或穿搭方面的靈感，變得對生活充滿期待；戴著 G-SHOCK 腕錶，就覺得自己應該出門動一動，挑戰一下動態運動，甚至還有非常愛用 G-SHOCK 的企業經營者表示：「放假的時候，只要看著這只錶，再困難的事情都能拋諸腦後。」這樣看來，說不定 SWATCH 與 G-SHOCK 都能讓人類不再被時間束縛。

1983 年誕生於世的兩大休閒錶品牌，早在智慧型手機問世之前，就已經宣示「腕錶不是用來顯示時間，而是用來展現自我」的前衛主張了。

G-SHOCK

DW-5600E-1：致敬 1983 年的出道錶款 DW-5600，以繼承人之姿而誕生的 DW-5600E-1，目前仍持續製造生產，堪稱是最有意義的腕錶遺產。獨立的內部結構，與以聚氨酯製成的減震材料，可說是非常革新的技術。

石英機芯、樹脂製錶殼、直徑 42.8 毫米、防水性能 20 巴。

價格：約新臺幣 2,200 元

7

顛覆傳統，
利用液體取代指針

當我們還是小孩子時，要畫手錶或時鐘，十有八九都是先畫一個圓，然後在裡面畫上兩根指針，就代表是錶或鐘了吧。

畢竟乍看腕錶跟時鐘，就會看到兩根指針慢慢轉一圈，而指針尖端所指出的數字，就代表當下的時刻，這應該是全世界都說得通的觀念。但在高級腕錶的世界，就不是這麼簡單了。

進入智慧型手機的時代後，腕錶不再是日用品，而是全面轉型為奢侈品、收藏品，也正因如此，許多前所未見、顛覆傳統的創意發想一一被創造出來，越來越多看了也無法得知時間的錶。這不單指智能錶，何況我認為，若只有智能錶的話那還算好了，有很多是使用了高端製錶技術、高價素材，製成令人摸不著頭緒的特殊腕錶。或許這代表仍有品味獨特的買家，願意花大錢收藏這種不是用來看時間的怪異腕錶。

我個人會將這類型的腕錶稱之為怪異腕錶，這裡的怪異，來自英文單字的 bizarre。若要用音樂來比喻的話，搖滾迷或樂團迷

們或許有聽過「Bizarre Guitar」（古怪吉他）這個單字吧（日本樂團阿飛合唱團〔THE ALFEE〕的高見澤俊彥的 ANGEL 吉他就是最佳範例）。我稱之的怪異腕錶，就是腕錶界的古怪吉他。

最擅長製作怪異腕錶的品牌，當屬 HYT，其旗下的每一款腕錶都沒有指針。HYT 的獨門絕技，就是結合專利特製液體、高科技合金的儲液槽與幫浦，透過密閉式結構及波紋管，以精密計算的液體流動來顯示時間。液體流動的起點為 6 點鐘位置，之後朝 7、12、5 的方向流動，當液體走完一圈之後，波紋管內的壓力也洩完，液體又退回起點，再重新開始。這種以液體來顯示時間的方法，其實早在西元前 1500 年左右，古人就已經發明，那就是水鐘。

亨利慕時（H.MOSER & CIE.）的腕錶也非常獨特。它所推出的 SWISS ALP WATCH Minute Repeater 這款腕錶也沒有指針，而是以製錶技術中超複雜功能構造三問（Minute Repeater），也就是利用聲音來報時；為了要讓佩戴者感受到腕錶有在運作，還搭載了同樣是製錶技術中超複雜功能構造陀飛輪。其外型設計與（待機模式中的）Apple Watch 極為相似，可說是非常有亨利慕時一貫的挑釁趣味風格，名副其實的怪異腕錶。

從技巧派的角度來看的話，CHRISTOPHE CLARET 的腕錶也很有趣。天才製錶師克里斯托夫‧克萊特（Christophe Claret），曾為很多名錶品牌開發過腕錶複雜功能構造與技術；他從中累積了大量經驗與知識，之後以自己的名字成立了新品牌，徹底展現他對機械的熱愛與玩心。

HYT

H1.0：透過逐漸施加壓力至機芯構造內的波紋管，讓管中的顯時液體流動。綠色液體與透明液體的接合處，就像是指針顯示時刻。將時間的顯示手法以如此嶄新的方式呈現，堪稱是劃時代的革命性腕錶。

手動上鍊、精鋼錶殼、直徑 48.8 毫米、防水 5 巴。

價格：約新臺幣 1,780,000 元

CHRISTOPHE CLARET 的 21 Blackjack，就是一款可以用腕錶來玩 21 點的超怪異腕錶，配牌時所響起的清亮音色，則是運用了名為自鳴（Sonnerie）的複雜發聲構造所發出的音效。

HYT、亨利慕時、CHRISTOPHE CLARET，三者都是名錶界的新興品牌，不受瑞士傳統製錶的束縛，隨心所欲的在製錶這件事上大玩特玩。而品牌的核心思想，就是思考還能用什麼樣的表現手法，更具體呈現時間的流逝，它們在這方面投注了相當大的心血，這份熱情也激起了錶迷與收藏家們的好奇心。

怪異腕錶也並非都是外型奇特且搭載高複雜功能構造。雅克德羅（Jaquet Droz）的 GRANDE HEURE 系列，錶殼直徑 43 毫米，大錶盤上面只有極為簡單的時標數字排列，且只有一根時針，也就是單指針式（One Hand）風格。一般時針走完一圈，代表過了 24 小時，而這款腕錶的錶面時刻間距為 10 分鐘；明明外型看起來簡潔又傳統，卻也是一款看了也不知道現在幾點的怪異腕錶，或許這份衝突感就是這款腕錶的獨特魅力。

名聲響亮的頂級老牌、製錶名門的品牌腕錶，尤其大眾耳熟能詳的經典錶款，不論售價有多高，都已經被大眾認定有其價值。我不禁想到梵谷的名作《向日葵》，那些主打怪異腕錶的品牌，以創造力一決勝負，但目前都還是小規模品牌、知名度也不高，就像是尚未成名的現代藝術家。儘管如此，還是有不少錶迷和收藏家對怪異腕錶特別感興趣、願意花大錢收藏。我想這些人或許才是最奇特的存在。

8

鐘錶業界的超級明星
——獨立製錶師

　　自行接案的自由業者，在日本有漸漸增多的趨勢，據說目前全日本的勞動人口，就有 10% 是自由業者。這一、兩年來因為疫情的影響，在家工作、遠端作業的人數變多了。

　　想到能遠離複雜的辦公室社交、職場人際關係、人擠人或塞車的通勤地獄，這種獲得解放的喜悅，加上不進公司也能完成工作的成就感，想必讓很多上班族都想轉型當自由業者。但自由業者想要獲得穩定的工作來源，最重要的條件是本身的專業技能以及誠信。在製錶業界，其實也有這樣子的一群人，他們就是獨立製錶師。

　　過去的製錶產業，是由個別的製錶師獨立製作零件、自行組裝，再進行裝飾作業後，好不容易才完成一只腕錶。但隨著產業進化，市場對腕錶的需求量大增，因此從原本的一人作業，轉變為專業分工，規模也逐漸擴大，最後就形成一個獨立的製錶品牌。但成立品牌之後，就變成公司經營，要考量的事情更多、更

廣，尤其為了確保獲利，經常必須犧牲創意。如此做法，當然會引起以原創為畢生志向的製錶師們不滿；故不隸屬於任何企業、自由接案的獨立製錶師，就成了新的出路。

以獨立製錶師身分獲得極大成功的最佳案例，應該就是法蘭克·穆勒（Franck Muller）。名錶品牌法穆蘭（FRANCK MULLER），現在也是世界知名的品牌之一，最開始是以穆勒的一人製錶工坊為起點。

1958 年出生的穆勒，他以最優秀的成績畢業於日內瓦鐘錶學校。同屆的畢業生們大都選擇去有名的鐘錶企業上班，他卻選擇拜師學藝，成為鼎鼎大名的製錶師斯文德·安德森（Svend Andersen）的徒弟。

斯文德·安德森堪稱是獨立製錶師界的傳奇宗師，他曾經在百達翡麗服務多年，參與了許多百達翡麗重大錶款的設計與開發。穆勒在這位大師底下學習，大大精進了自己的知識與技術，甚至還透過修復博物館館藏的古老時鐘，接觸到數百年前鐘錶工匠們的智慧。

後來，穆勒也開始接受來自腕錶愛好者們的訂單，為他們客製專

法蘭克·穆勒，目前除了管理自己的品牌事業，工作之餘，還會搭乘豪華遊艇享受海上生活。據說他許多代表作的靈感，都是待在船上時想到的。

屬腕錶。有位女性錶迷對穆勒說：「為何不製作更有你的特色的錶呢？」這句話鼓勵了穆勒，也造就日後法穆蘭腕錶最具代表性的方圓酒桶型錶殼。與見多識廣、眼光精準的行家們交流，更加激發了穆勒的創造力。

在 1986 年時，穆勒第一次參加巴塞爾國際鐘錶珠寶展（Baselworld），這是他以製錶師的身分受到矚目的契機。他在這場展覽上，展出擁有 Free-oscillation Tourbillon 的超複雜功能構造的腕錶，且瑞士的藝文報紙，也刊登了這款腕錶的報導。報導中稱讚穆勒擁有黃金之手，這款轟動錶展的腕錶，也引起當時瑞士總統的興趣，還特地親臨展場欣賞。

穆勒以研究腕錶的複雜功能構造為主力，接連創造出讓錶迷們好奇的超華麗腕錶。1992 年，穆勒終於成立自己的品牌法穆蘭，正式闖蕩錶壇。後來穆勒那有如傳奇般的神奇發展，相信大家都已經知道了。為了徹底發揮自己的原創力，他拒絕加入市面上所有的名錶品牌企業，憑藉著絕美華麗的設計，以及令人讚嘆不已的複雜功能構造，穆勒一再創造話題熱潮，他自己的原創品牌也獲得極大的成功。如此成績輝煌的獨立製錶師，業界很難再有第二人。

時光流逝，距離穆勒獲得大成功的時代，至今已過了 30 年。現在的獨立製錶師依然非常受到注目。這些以個人身分製作原創腕錶的獨立製錶師們，隸屬於名為獨立製錶人協會（Académie Horlogère des Créateurs Indépendants，簡稱 AHCI）的國際性非營利組織。此協會從最一開始的 6 個人（包含穆勒在

內），到現在成員名單上共有 29 人。日本的獨立製錶師淺岡肇及菊野昌宏也名列其中，成員中亦有來自俄羅斯及中國的獨立製錶師，由不同國籍的成員組成，讓協會朝更多元的方向前進。

　　獨立製錶師們一邊守護著歷史悠久的傳統製錶技藝，同時也以獨創的創意及實力，持續製作獨一無二的腕錶，也正因為這些鐘錶文化流傳至今，才讓製錶產業變得更加豐富多元。

9

請運動員代言，
是一種戰略

　　根據雜誌《富比士》（*Forbes*）的報導，2019 年本業收入最高的運動員，是足球名將萊納爾・梅西（Lionel Messi），球隊支付給他的年薪及獎金，總金額高達 7,200 萬美元。既然說這是本業，就代表業外收入更加驚人。梅西的運動廣告代言費等，為他帶來至少 3,200 萬美元的收入。

　　這些超一流的頂尖運動選手，讓全世界的人們都陶醉於每一場精彩賽事之中，知名運動選手本身就已經是很有價值的廣告媒體，這也是品牌願意提供選手專屬的冠名器材或用具（例如釘鞋或球拍）、簽署獨家代言合約的原因。順帶一提，廣告收入最多的運動明星，是網球選手羅傑・費德勒（Roger Federer），據說他的代言費加起來，一年就有上億美元（本業收入約 630 萬美元），其中也包括優衣庫（UNIQLO）以 10 年 3 億美元的天價，邀請費德勒擔任品牌大使。

　　費德勒的輝煌成績、高尚的品德與為人，幾乎可說是運動明

星的典範，就算不是網球迷也會被他吸引，也難怪這位球王在廣告商眼中如此有價值。

名錶的世界，當然也有像這樣子的獨家廣告代言。

泰格豪雅是第一個讓運動員佩戴腕錶的品牌。1969 年，泰格豪雅贊助瑞士 F1 賽車手喬・希弗爾特（Jo Siffert），雙方簽訂代言合約，泰格豪雅成為首個標誌出現於 F1 賽車上的非汽車品牌。以此為開端，名錶品牌與運動員之間，構築起難分難捨的關係，尤其以動力運動賽事為大宗，現在的 F1 車隊，幾乎都有專屬品牌提供官方計時與贊助。最常見的方式，是讓賽車手及車隊的工作人員都戴上品牌贊助的腕錶，還有在臺上領獎時，讓得獎隊伍順便戴上品牌腕錶，但這些只有成績優秀的強者隊伍才有展現的機會。因此，最近的趨勢是在賽車手套的手腕部分，印製特別設計的圖樣，讓手套整體看起來就像戴著錶一樣，如此當攝影機拍到時，就會有顯著的廣告效果。

但想必名錶品牌們，應該都很希望頂尖選手在比賽中，也能戴著自家腕錶。這並非難事，甚至已經有幾個成功實例。

高爾夫球選手菲爾・米克森（Philip Alfred Mickelson），長年以來一直都戴著勞力士比賽；泰格豪雅也曾為老虎伍茲（Tiger Woods）選手，製作高爾夫球賽專用的超輕量錶款。這款腕錶的錶頭與錶扣結合在一起，佩戴時手腕就不會像傳統折疊錶扣那樣產生不適感，戴起來非常舒適；日本的網球選手錦織圭，也曾有一段時期佩戴這款腕錶參加比賽。說到網球，美國女子網球好手小威廉絲（Serena Jameka Williams）則是戴著愛彼的

腕錶上場比賽。儘管小威廉絲會將腕錶戴在非慣用手（避免影響揮拍），但金屬錶殼還是很有重量，不過她不受影響、奮力揮拍創造佳績的英姿，仍深深打動人心。題外話，日本的網球選手大坂直美，目前戴的是星辰錶。

這套戰略運用效果最佳的品牌，就是理查德・米勒（RICHARD MILLE）。理查德・米勒是 2001 年才成立的新興品牌，號稱是錶界的 F1。他們接連研發出嶄新的製錶素材及機械構造，打造日常也能安心使用的複雜功能腕錶，以耐用又新穎的運動錶為目標。

理查德・米勒的腕錶性能有多優秀？在世界舞臺奮戰的頂尖運動員們，已經做出了令人嘖嘖稱奇的實證。

理查德・米勒稱合作的運動明星們為理查德・米勒摯友大家庭，當中不乏來自各種運動項目的頂尖好手，這個大家庭的第一位成員，是前 F1 賽車手費利佩・馬薩（Felipe Massa）。當時費利佩・馬薩就戴著理查德・

「紅土之王」納達爾手上戴的正是理查德・米勒 RM-27-03 Rafael Nadal Tour-billon 陀飛輪腕錶。這款使用了名為 TPT® 碳纖維的特殊素材，製作一體式特殊硬殼底板，直接在上面橋接零件組合。這是從賽車的構造當中得到的靈感，擁有超凡的耐衝擊特性。

米勒的腕錶參加賽事，經歷了層層激烈撞擊，搭載了精密陀飛輪的腕錶卻平安無事，理查德‧米勒的傳說就此開始。

　　之後，網球好手拉斐爾‧納達爾（Rafael Nadal），也加入了理查德‧米勒摯友大家庭。為了要讓腕錶承受比賽時激烈的撞擊與衝擊力道，機芯構造全由極細的編織鋼索組成鋼索懸吊系統。錶殼及機芯底板，使用了特殊硬殼素材製成創新的耐衝擊構造，理查德‧米勒的用心可見一斑。而最特別的成員，就是世界公認的馬球好手巴勃羅‧麥克‧多諾（Pablo Mac Donough）。馬球是一項極具衝擊力的運動，比賽中的任何一個動作，甚至萬一落馬，都會讓腕錶受到莫大的衝擊與傷害，因此，理查德‧米勒採用獨家層壓技術，鏡面包含兩層藍寶石水晶材質，中間由一層聚乙烯膜隔開，類似防爆玻璃的概念，即使摔裂了也不會傷及機芯。

　　運動場上的狀況瞬息萬變，甚至往往會發生超乎常理的事，或許也因如此，才能讓理查德‧米勒設計出這些超乎常理的機械構造。透過頂尖運動員代言的策略，不只打響品牌知名度、提升品牌形象，也向世人證明，理查德‧米勒的腕錶確實擁有優秀的性能。

10

全球的標準時間
是怎麼制定的？

　　某一年我赴瑞士出差，回日本時剛好遇上夏令時間的切換日。所謂的夏令時間，就是從 3 月的最後一個星期日開始，要將鐘錶撥快 1 小時，又稱夏時制。夏令時間在歐洲已經實行了數十年，但那一天，電車時刻表還是整個大亂。

　　我當時為了趕上回國的班機，必須搭乘德國版新幹線 ICE 列車，從瑞士的巴塞爾，前往德國的法蘭克福，再趕往機場，但當時不管我怎麼等，我所要搭的列車班次始終沒有出現。車站的時刻表從顯示延遲 30 分鐘，變成延遲 1 小時，到最後，那班列車直接消失在時刻表上。

　　這下事態嚴重了！從巴塞爾出發，再怎麼快也得花上 3 小時才能抵達法蘭克福，況且趕不上飛機的話，後續處理會很麻煩。逼不得已，我只好搭上別的班次（目的地不是法蘭克福），再拖著沉重的行李想方設法轉乘、換車；費盡千辛萬苦後，終於趕到機場。

　　我都已經身在世人眼中最重視時間的瑞士及德國了，竟然還是會發生電車誤點的狀況，而義大利的車站時刻表，從一開始就直接顯示延遲，當然，電車也從未準時出現過。

　　這讓我想起日本的筑波快線（TSUKUBA EXPRESS）。某天，某班前往南流山車站的列車，比表定時間提早了約 20 秒出發，結果公司發布公開道歉聲明，向社會大眾致歉。而這起事件的相關新聞，比起日本國內，似乎在國際上引發了更大迴響。

　　事實上，所謂的正確時間，其實是現代社會為了要能順利運作，而制定出來的一套時間準則。倘若時間準則被破壞、失去平衡，不只交通運輸機構無法運作，機械及電腦等也會受到很大的影響。因此全世界的人們不分國籍、語言、文化，都會將時間視為唯一的共同準則。

　　讓世界順利運作的時間基準，又是由誰、如何制定的？時間精準度的基準是頻率，即每秒振動的次數。例如，一個大擺鐘的振動頻率為每秒 1 次，若是擺錘的週期性振動（擺動）出現任何誤差，時鐘的誤差也會增加。反之，若頻率越高，即便產生些微誤差，但是對時鐘精準度的影響就越小。機械錶的振頻，即使是高精準度型號，每秒振動 10 次差不多已是上限，而石英錶的振頻則是 32,768 赫茲（每秒振動 32,768 次）。這種頻率差異，就是精準度的差異。

　　現今用來制定世界時間基準的時鐘，是 1955 年英國所開發研製的銫 133 原子鐘。它利用非放射性、安全穩定的銫 133 原子發射的頻率來確定一秒的長度。它的振頻是 91 億 9,263 萬 1,770

赫茲。換句話說，1 秒是 133 個銫原子振盪 91 億 9,263 萬 1,770 次所需的時間。

目前全世界的機關組織都採用銫 133 原子鐘，日本的國立研究開發法人情報通信研究機構（National Institute of Information and Communications Technology，簡稱 NICT），內部就設置了約 30 部銫 133 原子鐘。

根據全世界約 400 部原子鐘的數據，以及數臺專門檢測原子鐘準確性的頻率測量儀的數據，位於法國巴黎的國際度量衡局制定了世界時間（世界協調時間，UTC），也就是目前全世界都通用的標準時間。

這就是肩負日本正確時間之重責大任的日本標準時間系統，以嚴謹的科學科技追求極正確的時間。
圖片提供：日本國立研究開發法人情報通信研究機構。

日本的標準時間，是由 NICT 操作原子鐘生成（按：臺灣國家標準時間是由中華民國經濟部標準檢驗局附屬的國家時間與頻率標準實驗室管理規範），日本國內的標準無線電波及電信線路，也都使用 NICT 的數據進行傳輸，為了避免與 UTC 產生誤差，NICT 的數

據會一直微調，確保正確無誤差。

　　電視臺、電信公司、運輸公司、GPS 衛星及通訊機器等，全都倚賴正確的時間資訊，才能順利無礙的運行，社會的運作亦同。可以說，如此便利又高科技的現代社會，背後是由銫 133 原子鐘每秒 91 億 9,263 萬 1,770 次振盪所支撐起的。

　　但是，儘管如此努力推算出正確的時間，最終還是取決現場操作的人，電車誤點影響到人民的時間，這實在是個大問題啊！

11

在電視前看比賽，
比在現場更緊張，為什麼？

2020 年的東京奧運因為疫情，不得不延期。全世界也有許多大型運動賽事，也因此接二連三宣布延期或暫停，例如，每年都令車迷引頸期盼的 F1 日本大獎賽也宣布停辦。或許原本有人會認為，運動並非緊急且必要的事情，但這波延期及停賽的延燒，讓更多人察覺到，原來運動替人生增添了許多樂趣與色彩，反而讓許多人重新開始重視運動賽事。

不少人覺得觀看運動賽事，就是要親臨現場，享受當下的氣氛。但我是電視觀戰派。因為有一家源自瑞士的公司，其計時技術讓觀眾即便不在現場，也一樣能感受到賽事的緊張與刺激。過去我參與採訪奧運的工作時，對這個現象有很深刻的體會。

當時，我在比賽的場館觀看游泳賽事，結果大家都在看會場設置的巨大電視螢幕。原因是電視螢幕會即時更新選手比賽結果，世界紀錄很有可能瞬間就被刷新。世界頂尖的游泳運動員的泳姿固然充滿魄力、值得一看，但是時間卻像搶眼的調味料，讓

賽事更添風味。讓觀眾不只是讚嘆：「好快！好厲害！」還會驚呼：「差一點就破世界紀錄了！」各種賽場上的即時情報，必須快速又精準的顯示，這需要非常專業的技術。而專門負責開發這項專業技術的公司，就是瑞士計時公司（Swiss Timing）。

瑞士計時公司，是由運動計時的領頭羊歐米茄與浪琴兩大品牌聯手，在瑞士鐘錶工業聯盟的協助之下，於 1972 年成立的公司。除了奧運之外，諸如高山滑雪（Alpine Skiing）、籃球、動力運動賽等，幾乎世界上所有的運動賽事，都是瑞士計時公司服務的目標對象。他們磨練精進運動賽事計時的專業技術，為許多世界級大規模賽事提供強力支援，就算用「某名錶品牌擔任本次賽事的官方計時」這種曖昧的說法，其實有極大的可能，其技術層面仍是由瑞士計時公司支援合作。

說到瑞士計時公司的賽事計時技術，它們利用光線及聲音取代起跑槍，用以通知比賽和計時開始；附加傳導感應功能的起跑架，可以檢測準確的起跑時間；泳池裡裝設水下觸控板，可以檢測水壓以及選手觸摸時間點。瑞士計時公司持續開發因應各種比賽項目的計時機器，不停追求更精細的精準度，以光明正大且公平的運動賽事計時裝置，支持著每一位努力不懈的運動員。

瑞士計時公司的努力，受惠的不只是運動員或賽事的營運單位，還有電視機前的觀眾們。游泳或田徑競賽時，標示刷新世界紀錄的虛擬紀錄線；即時螢幕圖像顯示比賽當下的風向畫面，風向與跳臺滑雪的成績結果密切相關；馬拉松或越野長跑等長距離比賽中，運動感測器和定位系統可以顯示對手跑者目前的位置。

每一項尖端技術，都大幅提升了觀眾透過電視觀賽的精彩度與高品質。

歐米茄的光感應攝影機（Scan-O-Vision-MYRIA），1 秒可拍攝 1 萬張高畫質電子影像，精準捕捉選手通過終點線的一瞬間，堪稱完美的賽事計時攝影，讓裁判可以準確判定勝負。精準無誤的測量技術，讓比賽更加精彩，也更公平公正。
圖片提供：OMEGA 歐米茄。

12

讓奢華走進日常

　　賓利的 Bentayga、藍寶堅尼的 Urus、勞斯萊斯的 Cullinan，這些售價 2,000 萬日圓以上的奢華款休旅車，目前在市場上相當熱銷。2019 年，奧斯頓‧馬丁發表了頂級休旅 DBX，法拉利也預定 2022 年，要發表號稱最強超跑級休旅 Purosangue，想必到時也會掀起熱烈討論。

　　原本這種張揚的奢華車款，很少會拿來當作日常生活的代步車，但現代的高所得新貴們似乎相當熱衷此道。在過去，攬勝（Range Rover）可說是熱愛郊外活動者的首選，因為開著它探訪大自然之後，再開去高級飯店投宿可說是相當方便又舒心。但現在的奢華款休旅車，變得像是時尚與輕旅的混搭，擁有與以往截然不同的樂趣。

　　現代的高所得新貴與父執輩相比，更懂得選擇不一樣的享受生活方式，對於高級品的態度，新貴們不是鎖進保險箱或供起來捨不得用，而是大大方方用在日常生活中。

　　在腕錶的世界裡，高價的物品就是要平常使用，甚至還因此

誕生了奢華運動錶這個類別。

奢華運動錶，就是採用與正裝錶相同的薄型錶殼，並仔細打磨堅固的精鋼錶殼細節；而這類錶款的先驅，就是愛彼於 1972 年推出的皇家橡樹系列。既是運動腕錶，又擁有細緻優雅的錶殼，連細節都做得非常精美。可是，儘管是精心打造的新錶款，品牌本身亦賦予了高級感，但由於概念太過創新，加上定價高出行情、體積也顯巨大（其實也才 39 毫米），因此當時的銷量並不理想。但是，近 10 年，隨著高所得新貴的人數成長，富裕階層的組成及消費喜好也有了新氣象。

腕錶變得像是首飾一般，這款皇家橡樹的賣相華麗，又有高級感，精鋼錶殼耐操又耐用，於是，皇家橡樹便成為奢華運動錶的開路先鋒，獲得高所得新貴們的歡迎。這榮景就跟現在的奢華休旅車熱潮是同樣的走向。

以前的富裕階層，重視婚喪喜慶與傳統常規；但現代的高所得新貴，社交與私生活、日常與非日常、工作與遊樂之間的界線，已經不那麼壁壘分明。當越來越少人穿正式西裝，標榜純金錶殼與皮革錶帶的正經高級品，自然漸漸乏人問津，取而代之的是作工精美、功能齊全，又擁有高防水、耐磨損的精鋼錶殼的奢華運動錶，更適合新貴們的生活風格。

當今的腕錶市場上，最難入手的錶款就是奢華運動錶。百達翡麗自 1976 年登場的第一代 Nautilus，想要入手這一款的話，要做好等上 10 年的覺悟；愛彼的皇家橡樹也是長期缺貨的狀態；江詩丹頓的 OVERSEAS 也是供不應求。

　　看到奢華運動錶熱賣的盛況，其他許多品牌也想加入戰場。例如，長久以來專注於優雅正裝錶的德國名門朗格，於 2019 年秋季，也初次推出奢華運動錶 Odysseus。

　　車子也好，腕錶也好，流行時尚也好，奢華涵蓋的範圍非常廣泛，也越來越與眾多既有的文化融合，展現更自由的多種樣貌。現在的時代，讓奢華走進日常，才是王道。

朗格

Odysseus：旗下第一款防水精鋼錶殼款式，連錶帶都以精鋼材質製作而成。錶殼側邊的按鍵按下後，就可切換日曆，是款擁有獨特功能及個性的腕錶。

自動上鍊（Cal. L155.1）、精鋼錶殼、直徑 40.5 毫米、防水性能 12 巴。

價格：約新臺幣 989,000 元

13

打破傳統，就靠珠寶品牌

　　相信大家都聽過術業有專攻。在鐘錶產業，這種思想更是奉為圭臬，甚至有不少錶迷認為：「非製錶品牌所製作的錶都不是錶。」腕錶不僅只是戴在手上的物件，其背後所承載的歷史、傳統與文化底蘊，都充滿了意義及韻味。經年累月、一心一意製錶的老牌與老店，對於鐘錶的熱愛與執著無庸置疑，但這也代表製錶老牌必須背負的包袱（或說必須守護的傳統）太多、太沉重。

　　對於老字號及老師傅來說，越是了解鐘錶的歷史淵源，就越難有新的挑戰，因為他們會無法接受與自家品牌理念有出入，甚至是背道而馳的策略，結果大多數的老牌、老師傅終究走不出自己打造的框架，陷入作繭自縛的困境。

　　若你正想找一只充滿刺激元素的腕錶，那麼老字號品牌可能沒辦法滿足你。這時候，要不要試試看奢華珠寶腕錶？說起來，腕錶與珠寶，其實都是讓人覺得美麗的裝飾品。美麗的腕錶與華美的珠寶，都是靠技巧卓越的專業匠師精心打造而出。

從歷史的角度來看，珠寶與鐘錶的歷史淵源其實相當悠久深厚。最常見的例子，就是珠寶業者為了配合顧客的訂單內容，客製打造了華麗精美的錶殼，再向製錶業者購入高精準度機芯置入珠寶錶殼中。珠寶業與製錶業互相利用對方的優勢及專業，聯手打造出來的奢華珠寶腕錶，自然非常具有吸引力。

但是，隨著顧客的要求越來越高，珠寶業者無法像製錶品牌一樣自製機芯，於是，珠寶業很快就面臨無法隨心所欲調整錶殼尺寸與指針位置的問題，珠寶設計的創造力也跟著受限。因此，珠寶產業中，也開始有一些珠寶品牌決定正視問題，並且正式成立自己的製錶品牌，以求提升競爭力。先鋒打者就是寶格麗。寶格麗於 1980 年代成立製錶公司 BVLGARI Time，並開始製作高規格高水準的腕錶，獲得相當好的評價。

近年受到矚目的奢華珠寶腕錶品牌是海瑞溫斯頓（Harry Winston）。它是 1932 年，**誕生於紐約的珠寶品牌，素有鑽石之王美譽**，優雅精美又高水準的寶石飾品深受大眾好評。

2013 年，全世界最大的鐘錶製造商斯沃琪集團，以驚人高價收購了海瑞溫斯頓旗下的高端腕錶及珠寶業務，並在日內瓦建設了大型的製錶工坊。透過集團的資源整合，海瑞溫斯頓的製錶實力更上一層，除了原本就已經很優秀的淑女錶款外，終於也跨足製作男用的紳士錶款。

傳統製錶品牌不敢涉及的獨創機械構造、設計風格、素材等各種要素，海瑞溫斯頓都積極嘗試並發揮巧思運用。如此製作出來的腕錶就意義而言，也是有別於傳統、充滿刺激的腕錶。

　　珠寶產業原本就擁有豐富的創造力，與最高端的製錶技術結合，簡直就是如虎添翼。雖說術業有專攻，但不同產業所激盪出來的靈感，有如不同的食材搭配，與新穎的料理手法，創造出屬於新時代的獨特美食。放下先入為主的定見，以開放的心胸來挑選腕錶，說不定會收穫意外驚喜。

海瑞溫斯頓

Project Z14：以輕盈無比、具有高耐用性的鋯合金 Zalium 打造而成，此系列錶款為全世界限量發售，2022 年已推出最新款 Project Z15，也是限量發售。精心布置的建築結構元素，營造出強烈的立體效果，6 點鐘位置為逆跳秒針，當指針不間斷大幅度擺動時，機械構造之美令人看得目不轉睛。透明材質及各類裝飾面的處理工藝、時尚的鏤空錶盤設計，在在展現了此款腕錶與眾不同的個性。

全世界限量 300 只。自動上鍊（Cal. HW2202）、鋯合金錶殼、直徑 42.2 毫米、防水性能 10 巴。

價格：約新臺幣 764,639 元

專欄

鐘錶用語

指針設計會大幅影響手錶整體的風格，例如摩登感的柳葉形指針、傳統古典的棍棒式指針等，設計風格非常多種，以下介紹較常見的 6 種指針款式。

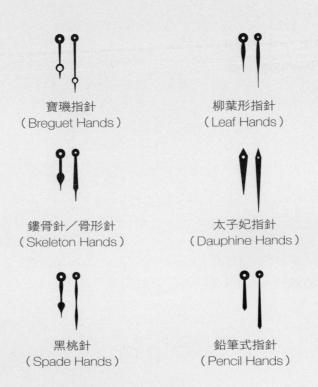

寶璣指針
（Breguet Hands）

柳葉形指針
（Leaf Hands）

鏤骨針／骨形針
（Skeleton Hands）

太子妃指針
（Dauphine Hands）

黑桃針
（Spade Hands）

鉛筆式指針
（Pencil Hands）

錶殼不是只有圓形。錶殼的設計概念，會是設計者對這只錶的想像，可能會是優美的桶型，也可能是強而有力的正方形。錶殼設計，也是決定這只手錶整體個性的重要元素。

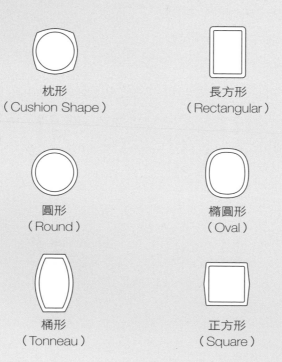

枕形
（Cushion Shape）

長方形
（Rectangular）

圓形
（Round）

橢圓形
（Oval）

桶形
（Tonneau）

正方形
（Square）

手錶零件供應商（Supplier）

專門製造手錶零件的廠商。在瑞士有非常多專門生產製作鐘錶所需的指針、機芯等零件的製造廠商，擁有高度專業及高超技藝，堪稱是撐起製錶產業的最強後援。

ETA

全名為 ETA SA Manufacture Horlogère Suisse，1856 年創立於瑞士的機芯生產商，據說全盛時期的市占率高達 80％。1969 年與 SMH 集團（現在的斯沃琪集團）合併，以斯沃琪集團旗下品牌為中心，提供許多製錶商優質又精美的機芯。

Caliber

Caliber 常被縮寫成 CAL.，意思相當於「Movement」，也就是機芯，也用以表示機芯零件的尺寸。

計時（Chronograph）

指附加了計時碼錶功能的腕錶。利用錶殼側邊的按鍵來計時、暫停、歸零。

機芯（Movement）

手錶運轉的零件的總稱。

小秒針（Small Seconds）

指裝在小輔助盤上的短秒針。通常會設置在 6 點鐘的位置，這是較古典的設計，也稱作「6 點秒針」。後來隨著設計美學及技術的演變，現在也有將秒針跟時針、分針一起設置在錶面中心的做法，稱之為「中心秒針」。

動力儲存（Power Reserve）

機械錶需要上鍊才能產生動力，讓零件轉動。動力儲存，顧名思義就是儲存腕錶上鍊的動力。手錶上顯示動力儲存的部分，稱為動力儲存顯示（譯註：目前市面上的機械錶基本都會有 3 天

的動力儲存，也就是即便放著不管，手錶也能擁有 3 天的動力，但之後若沒有上鍊旋緊發條，手錶就會沒電）。

調速裝置（Balance）

由擺輪、游絲、衝擊盤等複雜零件所構成的裝置，可以調整走速快慢、校正轉速等。

游絲（Balance Spring）

裝置在擺輪和擺輪架之間的髮狀螺圈彈簧，通稱游絲。與擺輪一起，透過振動轉換能量。

自家製作高級腕錶（Manufacture）

鐘錶界有一個法文術語叫「Manufacture d'horlogerie」，簡稱 Manufacture，意即「自家製作高級腕錶」。意指包括機芯在內，絕大部分腕錶組件必須全部由該廠商自家工坊製作。

石英機芯（Quartz Movement）

以電流激發起石英振盪的動作，藉著精密而準確的振動來控制馬達、推動手錶運行。相較於機械式機芯，石英機芯擁有壓倒性的高精密度及準確度。

月相（Moon Phase）

可以在錶上顯示月亮的運行軌跡、盈缺等狀態之複雜設計，俗稱月相錶。此功能實用性不高，但對於愛好者來說，大概就是多了樂趣及浪漫。

錶冠（Crown）

俗稱龍頭，用來上緊發條、調校及設定時間的旋鈕。

分鐘刻度（Minute Track）

代表分鐘數的刻度，用於更準確的辨識幾分鐘或幾秒。有時也會配合分針或秒針的位置特別用心設計。

扭力（Torque）

指機械錶上鍊後產生的動能。主發條完全上鍊旋緊時，所產生的扭力輸出也會達到最大；反之當發條變得鬆弛，扭力則會下降。腕錶的高精密度之關鍵，就在於要能長時間保持穩定輸出的扭力。

藍寶石水晶（Sapphire Crystal）

又稱為藍寶石水晶玻璃錶鏡，是一種透明的人工素材，其硬度僅次於鑽石，擁有卓越的抗磨防腐蝕能力。

寶石軸承／鑽眼（Jewel Bearing）

在錶的機芯裡，一些高硬度金剛石，通常是人工合成紅寶石，用於抗磨擦的軸承，行家稱之為「鑽眼」。鑽眼被打上洞，磨成尖端，鑲嵌在機芯上。

錶耳（Lugs）

錶殼上的角狀彎曲物，用以安裝和固定各式錶帶。

手動上鍊／自動上鍊
（Hand-wound／Automatic winding）

機械錶需要靠轉緊發條來產生動能，好讓機芯等其他零件得以運作。手動上鍊，就是親自動手利用錶冠旋緊發條，讓手錶能持續走動。自動上鍊則是腕錶內建一個自動盤，戴著腕錶走路、活動時根據手的擺動，自動盤會自行旋轉，如此就能旋緊發條。

逆跳指針（Retrograde Hand）

指的是指針運行軌跡並非環繞一周，而是沿著扇形移動，當指針走到弧形盡頭時，會瞬間跳回至另一端。逆跳功能可運用在小時、分鐘、秒鐘還有日期指示上。

第三章

買錶前，
你必須做點功課

當你已經開始認知到鐘錶的歷史與文化有多麼淵遠流
長，你或許會想：「我應該可以去買錶了吧？」別急，
還有一些功課，是你在買錶前應該要做的。

1

五大頂尖名錶品牌，
你一定要知道

　　不論你選擇了什麼樣的腕錶，只要是你精挑細選過後才下的決定，別人都沒有理由說三道四。但畢竟跟一般的襯衫、鞋子不同，錶盤上面都會印製品牌標誌，別人很難不去注意你的錶是什麼牌子。

　　尤其在電車上抓住吊環時、在速食店手放桌上吃東西時，其實很多場合都會露出手腕，很容易讓別人看到你戴的腕錶。我相信就連我們自己，也難免會想知道別人手上戴的是什麼牌子。我想，應該滿多讀者都會好奇，究竟連名錶愛好家們看到都會忍不住讚嘆、站在鐘錶界頂點的頂尖名錶品牌，到底有哪些？

　　創立於 1839 年的百達翡麗，是現今數一數二、歷史悠久的腕錶品牌，甚至在腕錶世界中，**還擁有錶王的美譽，可說是頂級腕錶的代名詞**。1851 年的倫敦世界博覽會上，英國女王維多利亞也對百達翡麗的腕錶讚美不已。女王為自己，也為丈夫艾伯特親王，共選購了 2 只百達翡麗腕錶。自此，百達翡麗奠定了自己

在王室貴族愛用品牌的地位。

20 世紀初期，美國的車商富豪詹姆斯・沃德・帕卡德
（James Ward Packard）與紐約銀行家亨利・格雷夫斯（Henry
Graves）兩人展開這場有名的競爭——誰能擁有世界上最複雜的
懷錶。最後是由亨利・格雷夫斯獲得最後的勝利，因為他將製錶
大任交付給百達翡麗。這段歷史至今仍為錶迷們所津津樂道。

更難能可貴的是，百達翡麗在 1932 年由瑞士的斯登家族
（Stern family）接掌經營權之後，至今依然維持一貫的家族經營
模式，歷史與文化得以完美繼承下來，並且在日內瓦市內成立了
百達翡麗博物館。在這座博物館，你可以透過館藏文物，更進一
步認識瑞士的鐘錶發展史。百達翡麗不只作工精美、品質優良，
更是有如鐘錶文化守護者般的重要存在，這也是該品牌獲得極高
評價的理由之一。

若說到鐘錶產業的聖地日內瓦，當地最負盛名的頂尖名門，
想必非江詩丹頓莫屬。

**江詩丹頓創業於 1755 年，是世界上最古老的鐘錶品牌之
一。**品牌創始人讓－馬克・瓦什隆（Jean-Marc Vacheron）出生
於日內瓦，最初是由他創立的小小製錶工坊起步，日漸成長茁
壯。儘管現在的江詩丹頓已經是世界知名的大品牌，但創辦人的
精神及傳統一直傳承至今。重視古風的製錶師傅們堅守閣樓工匠
（Les Cabinotiers）的職人風骨，自豪於「日內瓦鐘錶產業的傳
承者」的身分，持續製作精美的腕錶。近年來，江詩丹頓的閣樓
工匠部門，承接來自錶迷及收藏家的客製訂單，為他們提供特製

設計的服務；而製作出來的 LES CABINOTIERS 閣樓工匠系列都是獨一無二、令人讚嘆不已的特殊腕錶。當中值得一提的是，在江詩丹頓品牌成立 260 週年紀念之際，他們收到來自一位知名腕錶收藏家的挑戰，「超越製錶領域的已知界限，創作一款前所未見的作品」——最後完成的傑作 Reference.57260 懷錶，居然是一款融合了 57 項複雜功能的世界最複雜功能懷錶，創下鐘錶史上最複雜機械式時鐘的紀錄。江詩丹頓堅守製錶工匠的傲骨與傳承精緻細膩的技術，是鐘錶界中非常值得尊敬的品牌。

　　在距離日內瓦有些距離的山村之中，也有一個名門品牌誕生於此。愛彼於 1875 年誕生自汝拉山谷中的山村小鎮布拉蘇絲，汝拉山谷素有錶谷之稱，許多知名製錶品牌亦誕生於此。愛彼的最大特色，就是品牌至今仍由創始人的家族掌管，再外聘擅長經營管理的執行長。傳家的製錶文化，仍由創始家族代代傳承與守護。傳統與專業兼顧的分工合作，讓品牌的事業蒸蒸日上，同時也確保製錶的品質。擁有強健穩固的企業根基，愛彼在製錶方面也創下相當革新的成就。

　　1892 年，愛彼推出了世界第一款三問報時腕錶（當時是在懷錶的上下端加上錶帶）；1972 年推出的皇家橡樹系列奢華運動腕錶，至今依然引領潮流，威風不滅；1986 年，愛彼更發表了世界第一款超薄型自動上鍊陀飛輪腕錶。而時至今日，愛彼為了提升製錶技術，又成立了超複雜功能製錶專門廠。在新的製錶廠聚集了製錶師界的各路好手，在現代的製錶產業中，亦成為一股堅強的力量。擁有前瞻性的思維與代代傳承的精湛技藝，這就

是愛彼的魅力。

還有一個絕對不能忘記的頂級品牌，它源於曾經是製錶強國的法國。1775 年，瑞士出身的天才製錶師亞伯拉罕－路易・寶璣，在巴黎成立製錶工坊，這就是寶璣品牌的原點。

1780 年的時候，**寶璣發表了世界上第一款自動上鍊機械錶** Perpétuelle，1790 年發明了擺輪軸心避震裝置，又稱降落傘避震器；**1801 年發明並製造出世界第一款革命性機械構造陀飛輪，並獲得專利**。許多由寶璣所開發的複雜技術與機械構造，都與現代的製錶技術緊密相關，寶璣可說是製錶發展史上最重要的推手，因為他的貢獻，讓製錶產業的技術得到極大的進步與突破。

寶璣與法國皇室也有相當密切的淵源。歷史上有名的悲劇皇后瑪麗・安東尼（Marie Antoinette）曾經向寶璣下單，而寶璣耗費 44 年光陰才完成 No.160，這只懷錶又被稱為瑪麗皇后錶，令人惋惜的是，這款懷錶完成之時，瑪麗皇后早已命喪斷頭臺。這款懷錶堪稱是鐘錶史上最傳奇的錶，寶璣於 1783 年接單，卻在 1827 年才將錶完成。當時並沒有記錄是誰買下了錶，沒想到 1838 年時，這只錶竟被送回寶璣原廠保養，後來又被一位大收藏家買下，怎知竟在 1983 年，耶路撒冷博物館展出時失竊。直到 2007 年，這款傳奇懷錶才再度現身，一度轟動世界。

寶璣製錶品牌 BREGUET，雖由寶璣家族的後代子孫承接，但目前隸屬於斯沃琪集團的旗下；不過初代寶璣大師所發明的機械構造、設計、修飾工藝等珍貴技術都有傳承下來，實屬不易。擁有一只寶璣腕錶，就像是將鐘錶的悠久歷史化為掌中寶物，意

義非凡。

　　最後要介紹的是**德國的名門品牌朗格**。該品牌過往艱難辛苦
的歷史，在第一章第 9 節已有提到，但除了這段意義匪淺的歷史
之外，朗格錶本身亦相當有魅力。我想很少有品牌會像朗格這般
如此講究手工作業吧。**每一個零件都經過手工仔細打磨得光滑亮
麗；機芯必定會經過二次組裝**，也就是第一次組裝後，會先仔細
測試機芯走時的狀態，並調整每一處細節，然後全部拆解、檢
查，細部打磨之後，再重新組裝。

　　針對每一款腕錶，都會開發該系列錶款專屬的專用機芯，對
於小秒針、日曆顯示窗的擺放位置、指針長度等，非得要調整至
完美和諧的程度才能出廠。如此堅持專注完美，恐怕其他品牌
都望塵莫及。朗格經常用來製作機芯的素材為德國銀（German
silver／nickel silver），這項素材的特徵之一，就是會隨著使用
時間越長，色澤會越來越有深度，更顯韻味。

　　朗格與前面所列舉的四個法語圈品牌相比，顯得較為穩重樸
實，同時流露出濃烈的古典德國錶底蘊，令人著迷。

　　位於製錶界金字塔頂端的頂尖品牌其實還有很多，但這裡所
介紹的五個名門品牌，都是貨真價實、位於頂尖地位的頂級品
牌，我想不論哪一位名錶愛好者看到，肯定會被吸引目光，臣服
在它們的實力之下吧。

2

萬年曆、陀飛輪、三問，
鐘錶界的三大複雜技術

在機械錶的世界中，除了顯示時間的功能之外，集結了歷代製錶師智慧結晶的複雜功能技術（complication），都是錶迷們一聊就停不下來的熱門話題。這些複雜功能究竟實用與否，因人因狀況而異；但想到在小體積的錶殼中，竟然裝滿了那麼多的齒輪、零件，且分毫不差的完美結合在一起，使機芯順暢運作，這種機械之美，令所有鐘錶收藏家及錶迷玩家都深深著迷。

這些複雜功能構造也有分等級，使用越多零件組成，代表這項複雜功能的等級越高。而在這些複雜功能中，萬年曆、陀飛輪、三問，這 3 項被稱為是超複雜功能構造（grand complication），更是所有錶迷的心之所向。

萬年曆不需要手動調整日期，它有著完整時間顯示機制，可以自動識別閏年、閏月及大小月分。萬年曆是在日常生活中也能使用的便利機能，堪稱是最具實用價值的複雜功能，因此非常多鐘錶品牌都會針對萬年曆功能進行研發。拜機械構造持續改良所

百達翡麗

超複雜功能時鐘 5327：3 點鐘位置的小錶盤顯示月分及閏年；6 點鐘位置的小錶盤顯示月相、小指針會指示日期；9 點鐘位置的小錶盤顯示星期與 24 小時。在錶面上設置了這麼多指針卻不顯雜亂，高強的設計配置及品味，讓整體風格非常典雅華麗。

自動上鍊（Cal. 240 Q）、18K 白金錶殼、錶徑 39 毫米、防水性能3 巴。

價格：約新臺幣 2,915,000 元

寶璣

Classique Grande Complication Tourbillon 3357：12 點鐘位置的小錶盤開始走時，下方的陀飛輪就會開始轉動。陀飛輪轉動一圈約 60 秒，三爪型指針就是秒針。錶盤以寶璣代表性的機刻雕花紋飾，底盤則是手工鐫刻雕版。

手動上鍊（Cal. 558T）、18K 白金錶殼、直徑 35 毫米、防水性能 3 巴。

價格：約新臺幣 3,313,000 元

賜，讓搭載了萬年曆功能的腕錶價格不至於飛漲。儘管如此，還是有大多數的萬年曆錶款的價格落在 100 萬日圓以上。

陀飛輪的單字 tourbillon，在法文的意思是漩渦，它代表了鐘錶世界裡的複雜工藝，也是頂級功能的象徵。在還是懷錶當道的時代，懷錶幾乎都是放置於口袋或掛在脖子上，長時間維持垂直擺放的狀態；而懷錶的心臟——擒縱系統，受到地心引力往下拉的影響，使得內部擺輪擺動的力道不均勻，因而產生走時誤差。直到1801 年，天才製錶師寶璣發明的陀飛輪裝置獲得專利，這才解決了製錶界長久以來的問題。

簡單來說，陀飛輪就像一個籠子，將擒縱系統放到裡面，而陀飛輪裝置不斷旋轉的狀況下，讓擒縱系統不會固定在某個方位，藉此消弭地心引力對擒縱系統的影響。

由於製作陀飛輪需要非常高精準度又繁複的精密零件加工，組裝與調整也極其困難，因此實際有搭載陀飛輪功能的腕錶數量非常稀少。直到 1980 年後至今，瑞士鐘錶產業從寒冬期復活，陀飛輪也才跟著復出，機械錶再度受到世人的重視與關注，陀飛輪也再度打響了名聲。

原本陀飛輪是因為懷錶容易受地心引力影響，而打造出的複雜功能，但腕錶不像懷錶，不會一直垂直擺放，反而因為戴在手腕上，會隨時變換方位，因此不太會受到影響。現今會在小小的腕錶上搭載陀飛輪功能，大都是為了欣賞它旋轉時所展現的機械工藝之美。換句話說，陀飛輪之於現代腕錶，已經變成是賞玩性質。因其需要超精細製作的超高困難度，讓陀飛輪腕錶有如機械

藝術品一般，更被視為製錶技藝的最高水準表現；不少錶迷及收藏家也能從中感受到意義非凡的價值。

最後要介紹的是三問。這項功能在懷錶時代就已經誕生，原本是為了待在暗處也能確認時間所設計出來的功能。

三問錶又叫做三簧錶，是透過音鎚敲打音簧時，所發出的高音調、高低合鳴及低音調來報時（時、刻、分）。假設現在的時間是 3 點 20 分，那麼就會響 3 聲低音調（代表 3 點）；由於時刻設定是以 15 分鐘為間距，所以會響起一聲高低合鳴（代表 15 分）；最後再響起 5 聲高音調（代表 15 分＋5 分＝20 分）。其中高音調使用的音簧，是尾音清澈嘹亮的教堂鐘聲報時音簧（CATHEDRAL MINUTE REPEATER），這是使用了四鎚四簧，因其重現著名的西敏寺教堂的鐘聲，所以又稱為西敏寺鐘聲（Westminster Quarters）報時。

通常在三問錶的錶殼側邊，會有一個撥柄或是按鈕，當撥動或按下它時，瞬間產生的力量，就會成為啟動報時裝置的動力。技術高超的製錶師會為了追求理想的音色，不停鑽研調整音鎚及音簧的細節與調音。三問錶簡直可以稱得上是可報時的樂器。

不論哪一項複雜功能構造，都需要仔細謹慎製作每一個精密零件，必須做到毫無任何誤差，才能展現令眾人讚嘆的效果。或許有些複雜功能對於現代社會來說已不適用，但對於收藏家們來說，在這些複雜功能背後所蘊藏的意義與浪漫都是瑰寶。

積家

Master Grande Tradition Gyrotourbillon Westminster Perpétuel
超卓傳統球型陀飛輪西敏寺萬年曆大師系列腕錶：三問功能其四鎚四
簧所呈現的美麗音色，完美重現西敏寺教堂的經典鐘聲。同時還搭載
了萬年曆及雙軸旋轉的球型陀飛輪，三大複雜功能融合一體，堪稱頂
級製錶工藝的完美展現。

手動上鍊（Cal. 184）、18K 白金錶殼、直徑 43 毫米、防水性能 5
巴。

價格：約新臺幣 27,064,000 元

3

高成本又高難度的手動上鍊式計時錶

可以計測無形流動時間的計時腕錶（Chronograph），這個單字其實是由時間之神克羅諾斯（Chronos），與含有記錄意思的 Graph 複合而來。

將時間停止、再重新啟動，這種帶有哲學性質的機械構造，在過去被稱為是超複雜機械構造、高規格技術，擁有遙不可及的地位。但是自 1969 年，自動上鍊式計時機芯被開發之後（第 63頁），計時腕錶的製作成本大幅下降，一般市民終於也買得起計時腕錶。而後經過歷年來鐘錶技術的不斷進化，精密零件的製作變得更加普及，成本也越趨合理，如今大約數十萬日圓左右的價格，即可購入一只擁有計時功能的腕錶。這樣的變化，又大大推了一把計時腕錶的人氣。

但在市面上經常可以發現，明明都是計時腕錶，為什麼有的款式居然要價數百萬日圓？其中到底有什麼差別？其實那些價格昂貴的計時腕錶，幾乎都是手動上鍊式的款式。

　　說來也真不可思議，一般來說汽車也好、照相機也好，除非是經典復古款，否則都是功能與規格越新越強的新款價格最高。但在鐘錶界，**越是舊型的手動上鍊式計時腕錶，價格反而越貴。**

　　手動上鍊式計時腕錶如此高價的原因，在於計時腕錶的作工精細、機芯構造極為複雜、成品所呈現的機械之美難以言喻。

　　自動上鍊式的計時腕錶，是利用機芯底部的自動盤旋轉而產生的動力來驅動發條，故機芯本身也會比較厚一些。因此計時機芯的設計，就必須強調精簡且有效率。但手動上鍊式計時腕錶並不需要，因此機芯構造的呈現會更優雅與立體。無數個齒輪與螺絲緊密交織卻又分毫不差的運轉，不管多微小的零件都經過仔細打磨與修飾，簡直完美零死角。

　　但也因此，打造一枚計時機芯，需要非常漫長的時間與手工作業成本，才能成就完美無瑕的成品。事實上，鐘錶產業的平均工資已經是全世界最高，而且資深老練的專業製錶工匠的技術更是無可替代，手工作業的成本更是高昂。如此製錶成本層層堆疊，就成了手動上鍊式計時腕錶價格居高不下的原因。

　　高成本、高難度、高價位……看似擁有這麼多劣勢要素，為何還是有品牌願意製作手動上鍊式計時腕錶？其實手動上鍊計時腕錶在鐘錶界，素有活化石之稱。

　　不論是精簡系或複雜系，所有的鐘錶構造都追求更優秀的精準度及操作性，這也是業界不停研究更好的機械設計、製作素材等持續進步的原動力。但唯獨手動上鍊式計時腕錶彷彿獨立於世，數十年來始終維持著當年的風貌。

　　手動上鍊式計時腕錶的存在意義，或許僅剩傳承跨越時空的古典之美，但這卻是其他錶款都無法觸及的價值。對於名錶收藏家而言，就算要花上比自動上鍊計時腕錶高出 10 倍以上的金額，考量到手動上鍊式計時腕錶的歷史意義與賞玩價值，也值得高價入手。

百達翡麗

超複雜功能時鐘 5172：手動上鍊式計時腕錶，配備使用導柱輪及水平離合器等經典機械裝置，搭載的機芯 Cal. CH 29-535 PS，使用了 270 個零件才組裝而成。

手動上鍊（Cal. CH 29-535 PS）、18K 白金錶殼、直徑 41 毫米、防水性能 3 巴。

價格：約新臺幣 2,346,000 元

4

從石英錶到智能錶，
非機械腕錶的演進

　　說到高級腕錶，儘管靠著發條動力運轉的機械錶是主角，但靠電力發動的石英錶也是有其深奧的魅力。

　　自 1969 年起，腕錶也能搭載石英式機芯，石英錶也正式誕生。最初，科學家發現對素材施加物理壓力可以產生電（也就是壓電效應），而素材晶體受到電力影響，就會產生振動頻率，在電力驅動下振頻越規律，其推動腕錶機芯馬達進而指針走時的效果就會越精準。在嘗試過許多素材之後，發現石英晶體具有良好的壓電效應，能用來打造石英諧振器，而且石英易取得、易加工，消耗電量及成本方面也相當經濟實惠，經過多方研發之後，便製作出了石英機芯。

　　雖然振頻會因素材的切割方式而有差異，但目前的國際標準是 32,768 赫茲，也就是說，石英晶體振動 32,768 次所需的時間為 1 秒，振動產生的能量，透過積體電路（IC）驅動機芯馬達，這就是石英錶的基礎構造。一般標準型的石英機芯，其精準度也

有每月±15 秒，已經比高精準度機械錶還要高出 10 倍。

　　然而，無論石英機芯有多麼精準，難免還是會出現些微誤差。晶體振動最大的弱點就是溫度，因此，更加追求高精準度的電波錶誕生了。這是可以接收全世界各地電信局所發出的電波訊號，進而自動修正與調整時間的腕錶。

　　開發這門技術的是榮漢斯（JUNGHANS），德國最大的鐘錶品牌，於 1990 年發表了全世界第一只搭載電波機芯的電波錶MEGA1，但之後卻是由日本企業獨占鰲頭。1993 年，星辰推出了世界第一款可接收多局電波的腕錶。這項技術至今仍不斷進化中，目前已經可以對應日本的福島和九州、美國、英國、德國還有中國，總共 6 局的電波，幾乎涵蓋了北半球地區的主要都市，可以安心使用電波錶的便利功能。

　　但隨著多局式電波腕錶的普及，南半球及電波訊號圈外的消費者發出了不滿的聲音，所以，製錶產業緊接著的下一個目標就是 GPS 衛星。GPS 衛星能依據所在位置，朝地球傳送定位訊號電波；若是腕錶可以接受 GPS 的電波，那麼不管人在哪裡，只要能看得見天空，腕錶就能顯示目前所在位置的正確時間。

　　現今全世界有 40 個時區，當中美國及澳洲等國境就包含了複數個時區，在搭車移動時，不知不覺就有可能轉換時區，這時候擁有 GPS 衛星電波機能的腕錶，就能自動配合時差來調整。

　　不過，GPS 衛星電波機能還是有弱點。為了接收從太空發出的電波訊號，機芯內的天線勢必會變大、也會變得非常耗電；考量到能源動力的問題，大部分電波錶都採用光能發電的形式，

這表示電波腕錶的體積就是會比較大。若是休閒錶那還無所謂，但最重視時間精準度的族群，就是上班族及商務人士，大錶殼、大體積的腕錶很容易卡住袖口，會很不方便。

那麼現在流行的高科技智能腕錶又如何？目前相當受到矚目的新方法，就是腕錶可與智慧型手機連線，亦即放棄 GPS 衛星電波機能的大錶殼，改以藍芽的方式，讓腕錶與智慧型手機連線，如此就能讓錶殼變得更小、更輕，更有時髦感，也能搭配正裝。與智慧型手機連線，腕錶一樣能調整時差、修正時間，且世界時間或鬧鐘等功能，都可以透過 App 設定，大大提高了操作性，今後這類型的智慧腕錶，或許會變成市場主流也不一定。

使用電力的非機械式腕錶，與科技發展一起與時俱進，在更多層面都能與社會有強力連結，石英錶與電波錶、智能錶，都是為了讓人們更便利，而持續不斷努力求新求變的成果。

卡西歐

CASIO OCEANUS OCW-S5000-1AJF：採用能夠與智慧型手機連結的 Mobile link 機能，錶殼厚度僅 9.5 毫米超薄型，輪廓端正有型。可對應世界 6 局標準電波，自動調整、對時。

石英機芯（光動能電波）、鈦金屬錶殼、直徑 42.3 毫米、防水性能 10 巴。

價格：約新臺幣 43,414 元

5

薄得像皮膚的錶，
你見過嗎？

　　曾經流行過一個說法：錢包要用能將鈔票整齊收納的長夾，才能招來財運。不過，隨著電子錢包、電子商務的普及，市面上又開始流行可以折疊收進口袋裡的小錢包。隨身攜帶的物品若能變得輕、薄、小，感覺整個人的生活也會變得輕鬆快意。越輕、越薄，似乎成了現代人挑選商品時的重要參考價值。

　　在鐘錶的世界中，薄型腕錶亦相當受到消費者的重視與歡迎。**一般紳士用機械錶的錶殼直徑約 40 毫米、厚度約 12 毫米**就已經差不多了，畢竟藏在錶殼中的機芯，可是用了上百個精密零件組裝而成，但是專業的製錶匠並未滿足於此，他們仍持續不斷追求更輕、更薄的薄型腕錶。

　　說到薄型腕錶的開路先鋒，那就是伯爵。伯爵錶的理念是「機芯越薄，才越能展現錶殼與錶盤的設計之美，成就有如藝術品般美麗的腕錶」，長年以來致力於開發超薄機芯。

　　超薄又是以什麼樣的基準來判斷？全世界最大的機芯製造

公司 ETA 的標準機芯厚度為：手動上鍊式機芯 3.35 毫米、自動上鍊式機芯 4.6 毫米，而伯爵於 1957 年發表的手動上鍊式機芯 9P，厚度只有 2 毫米。

之後，伯爵於 1960 年，又發表了自動上鍊式機芯 12P，厚度竟然只有 2.3 毫米。將原本就已經很精細的精密零件，製作得更加輕薄，機芯構造也從根本重新設計，最後製作出超薄的機芯，如此讓錶盤及錶殼在素材使用及設計上更靈活，更能製作出精美絕倫的美麗薄型腕錶。尤其女性錶款的正裝錶、珠寶錶，都很適合搭載這兩款超薄機芯。原創的設計風格加上腕錶本身的輕、薄，非常受到貴婦名媛們的喜愛。超薄機芯，為製錶工藝帶來無限的可能。

最初是為了讓製錶工藝的創意與創造性，能有更多的發揮空間，才造就了薄型機芯的研發與誕生。2000 年過後，薄型機芯不只應用在展現製錶工藝技術層面，連陀飛輪、三問等超複雜功能腕錶都看上薄型機芯。

原本超複雜功能腕錶的機芯，因需要用到大量的精密零件，錶殼經常顯得厚重；但使用薄型機芯搭配超複雜功能腕錶的精密零件，反而更能襯托出複雜功能機芯的繁複工藝之美，超薄複雜功能腕錶反而更能吸引目光。

在這一波又一波的薄型腕錶浪潮中，引領在前的始終還是伯爵。伯爵善用自身多年累積的經驗與實力，製作出手動上鍊式機芯 430P（厚度 2.1 毫米），與自動上鍊式機芯 1200P（厚度 2.35 毫米）。不只強調薄，也重視精準度與續航力，讓整體更能跟上

現代潮流。伯爵的目標並非挑戰薄型機芯的世界紀錄，而是希望透過超薄機芯來展現工藝之美，讓錶迷們將薄型腕錶的優雅與華麗長存於心。

伯爵雖然已經打造出超薄機芯，但仍然不斷自我挑戰、追求突破。2014 年推出了 ALTIPLANO 900P 極薄系列腕錶，採用了前所未見的做法：直接在錶殼底部上安裝機芯、將顯示時間的錶盤區塊縮小並偏心上移、利用多出來的空間，置入發條盒及擒縱裝置，讓時間顯示、機芯構造等全部呈現在錶面，一目瞭然，且整體腕錶的厚度只有 3.65 毫米。如此驚人的薄度，甚至可以用薄得像皮膚一樣，來形容此錶戴在手上的輕盈感。

但是伯爵對於薄的追求與挑戰，並未劃下句點。ALTIPLANO ULTIMATE CONCEPT 腕錶於 2018 年完成原型試作，於 2020 年正式開始販售。不只是直接在錶殼底部上面安裝機芯，更將所有精密零件的厚度再下修，錶鏡玻璃的厚度，也從原本的 1 毫米變成 0.2 毫米，最後製作出來的成品，錶殼厚度竟然僅有 2 毫米！與伯爵的初代薄型機芯 9P 的薄度相同。如此堅持極限薄度的同時，也要保持應有的強度與硬度，錶殼素材選用高硬度金屬鈷基合金，續航時間達 40 小時。極薄的實用性、功能性、華麗美學，都藉由伯爵的精湛技術獲得完美平衡。

ALTIPLANO ULTIMATE CONCEPT 腕錶的價格約在 4,000 萬日圓以上。畢竟是超級薄腕錶的頂尖之作，這樣的價格應該也不意外。

伯爵

ALTIPLANO ULTIMATE CONCEPT 腕錶：直接在錶殼底部上面安裝機芯，整體厚度只有 2 毫米，堪稱是超級薄腕錶。錶冠與錶殼融合一體，錶帶也採用極薄素材製作。

自動上鍊（Cal. 900P-UC）、鈷基合金錶殼、直徑 41 毫米、防水性能 2 巴。

價格：約新臺幣 12,300,000 元

6

記住這幾個專業標章

　　優質腕錶到底是什麼樣的腕錶？工業製品的性能或品質，可以用**數據資料**來當作判斷基準；汽車則能從耗油量或馬力、最高時速等數據，來掌握這輛車的性能狀況；電腦的話，CPU 的處理速度、HDD 硬碟容量及調諧器數量，都是重要參考值。基本上，不論是什麼樣的產品，將規格數據化為數值、數字，就是消費者選購時的參考指標。

　　但是腕錶無法光看數字來判斷優劣。例如防水性能佳、可以潛水潛到很深的腕錶，代表那是一只很堅固耐用的錶，但並不能直接說它優質或劣質。那麼，優質腕錶到底該用什麼來當選擇的基準？

　　其實在鐘錶業界，也存在著許多專業認證的標章字樣。最廣為人知的，當屬印在**錶盤上的「SWISS MADE」字樣**。任何產品只要有這個印記，**代表其原材料有一定比例是來自瑞士**，或者是生產成本中，有一定比例為瑞士負擔且完全符合瑞士法規，也就是製錶的成本（包含研發、零件、組裝等）當中，至少有六成

必須來自瑞士，且製作過程中必須至少有一項製程是在瑞士國內進行的意思。換句話說，若是為了一味的降低成本，結果將零件製作發包給中國或其他地方，那就不能冠上 SWISS MADE 的認證字樣。

　　若是看到錶盤上面印了 CHRONOMETER，那麼這款腕錶值得你多關注幾眼。**CHRONOMETER 乃是代表天文臺錶的意思，這與瑞士的 C.O.S.C. 認證有關**。C.O.S.C. 認證，是指位在瑞士紐沙特的瑞士官方天文臺認證機構（Controle Officiel Suisse Des Chronometres）。要獲得此認證，腕錶必須經過不同方位、溫度的精準度測試，且每次至少要測 15 個工作天，合格者才能被頒發證書，並在錶盤印上 CHRONOMETER 的字樣，表示該腕錶的走時水準，已經獲得客觀機構的品質保證。

　　C.O.S.C. 認證的每日誤差值介於 -4 秒～+6 秒，不論鐘錶生產技術如何演進，就算是資深老練的製錶師，都還是必須以 C.O.S.C. 認證的每日誤差值當作基準，為腕錶進行精細的調整作業。CHRONOMETER 不只代表

瑞士的代表性名錶品牌之一百年靈，旗下錶款不僅擁有 SWISS MADE 標章，所生產的機械式腕錶，全都印有獲得 C.O.S.C. 認證的 CHRONOMETER 字樣。

走時的超高精準度，亦是腕錶背後擁有專業製錶師的精湛技藝與用心的最佳證明。

不只錶盤，**錶殼與機芯也擁有專屬的標章字樣。歷史最悠久的就是日內瓦印記（Geneva Seal）**，由日內瓦市政府與瑞士聯邦政府於 1886 年制定。日內瓦印記的大前提就是原產地為日內瓦，並且針對腕錶的零件、

日內瓦鐘錶文化的傳承者江詩丹頓，旗下錶款的機芯與錶殼都刻有日內瓦印記。

加工及組裝方式，甚至是打磨修飾等美觀層面，都有極為嚴格的審察機制。透過審察，就可在機芯或錶殼上鑴刻日內瓦印記，代表這只腕錶受到日內瓦傳統鐘錶製造的最高標準品質認證。日內瓦印記不只是把關腕錶的品質，也扮演著傳統製錶技術的守護者角色。日內瓦印記的紋章圖樣，與日內瓦市的市徽一模一樣，也是取其首都的含義，一方面代表瑞士鐘錶產業之首，同時也代表堅守傳統與文化之傳承的象徵。

還有一個鐘錶認證機制——FQF 認證（Fleurier Quality Foundation）或簡稱 QF（Qualité Fleurier）認證，這是 2004 年才有的優良品質腕錶認證。QF 認證是由 3 個以弗勒里耶（Fleurier）地區為主要機芯廠根據地的品牌：蕭邦（CHOPARD）、播威（BOVET）、帕瑪強尼（PARMIGIANI）

發起，他們共同成立了獨立法人機構 FLEURIER QUALITY FOUNDATION（FQF 基金會），監督 QF 認證的執行與運作，並開放對所有瑞士境內的腕錶品牌申請。

QF 認證不只針對工藝手法、加工、修飾處理、走時精準度等方面，連日常穿搭的配合度、步行時的角度變換等，與配戴者行為模式相關的層面也都會審察。當然，腕錶的機械構造、機芯的續航力等各種狀況，也都會採取情境模擬檢查。儘管相較於日內瓦印記，QF 認證雖然沒有地區限制，但對於腕錶本身的品質及各項表現等認證標準卻更為多樣與嚴格。

即便是在鐘錶的世界，頂尖的高級腕錶仍被視為奢侈品，既然是奢侈品，評價基準自然也重視美觀、傳統、精準度這 3 項。而這 3 項要素都與人類的手脫不了關係，唯有經由人類的手費時費力、精心製作而成的腕錶，才稱得上是品質優良的腕錶，認證標章更是具有公信力的表徵。

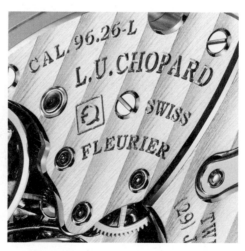

蕭邦的自製機芯 L.U.C 系列錶款中，部分有通過 QF 認證，鐫刻在夾板上的 QF 印記就是證明。

7

如何保養？交給專業的來

常言道，買高級品其實就是買維修。正因為是特地買回來，且希望能長久使用下去的高級商品，因此在商品售出後，售後服務對消費者來說非常重要。

昂貴又稀有的高級商品，其售後服務的費用也比一般高出許多。例如一臺要價將近 2 億日圓的超跑品牌布加迪（BUGATTI），旗下威龍（VEYRON）車款一年的保養費，就逼近數千萬日圓（光換輪胎就要約 400 萬日圓）。

尤其是經過精密且繁複的作業，才製作出來的精細機械，若想要一直維持與出廠時同等的品質及效能，那麼售後服務所要耗費的心力，幾乎等同於重製一只錶，希望消費者也能做好相應的心理準備。就像石英錶必須定期更換電池，機械錶也是最好每隔幾年，就送回原廠全套保養一次，不論哪個品牌都一樣。

機械式機芯是由 100 個以上的精密零件組裝而成，這些金屬製零件不停互相磨擦、運轉，才能讓腕錶正常運作，因此機芯內部各處都需要點上潤滑油。但潤滑油會隨著時間氧化，進而零件

也會劣化。置之不理的話，會讓齒輪變得越來越難轉動，不只會影響走時的精準，還會讓金屬零件加劇彼此磨損，最後導致出現各種異常問題。

另外，雖然底蓋及錶冠都會使用防水膠條，但這些部位也是日子一久，就會產生劣化等問題，為了維持良好的防水性，也必須定期更換新的防水膠條。所以，即便腕錶看起來沒什麼問題，還是建議要定期送回原廠維修保養，原廠會將機芯拆解後，使用超音波洗淨機之類的機器將零件一一清潔，再注入新的保養油，最後重新組裝，這就是全套保養。近年來有一個越來越頻繁發生的問題，就是機芯受到磁氣影響所導致的磁化現象，這也需要定期檢查。

多久進行一次全套保養比較好？大多數品牌都會建議，每隔 3 年～5 年，就可以送回原廠全套保養。由於每次保養所需要的費用，會視維修項目及腕錶狀況而異，因此多數品牌都會先估價後，再告知收費金額。但也有些品牌會將常見的服務項目收費直接列在官網，例如百年靈。所以，接下來就以百年靈的價目表來做個簡介。

CHRONOMAT B01 42，或是 NAVITIMER B01 CHRONO-GRAPH 43 等搭載百年靈自製機芯的計時錶款，保養價格為 62,500 日圓；AVENGER 復仇者等搭載通用型計時機芯的錶款，保養價格為 50,000 日圓；CHRONOMAT 32 等石英錶款的保養價格為 37,500 日圓（以上皆未含稅、會員價，該品牌在臺灣的全套保養價格約為新臺幣 6,000 元至 20,000 元不等）。

差不多可以說**全套保養的價格，大約是售價的一成**，而且這個價目表的價格，還有包含錶殼及錶帶（錶鏈）的打磨保養。若只是小小的損傷，透過專業的維修保養就能重現美麗，使用時的心情也會煥然一新。

如果沒有什麼特殊理由，建議還是送回原廠進行全套保養。由原廠使用正規的零件及工具設備來保養，才能讓機械構造發揮原本應有的性能，原廠採用的保養油及零件也有可能更新升級，便可以趁全套保養時，為腕錶注入新的生命力。

其實鐘錶業界為了減輕消費者的負擔，也會致力延長腕錶需要維修保養的週期，研發更具抗磨損、抗磁性的素材用來製作零件，相關技術一直都在鑽研精進中。

2017 年沛納海（OFFICINE PANERAI）推出的 PANERAI LAB-ID™ Luminor 1950 Carbotech™ 3 Days，居然公開表示機芯保證可以 50 年無須使用潤滑劑（官網介紹上也有清楚標示）。這款腕錶從零件開始，幾乎整體都以特別潤滑的素材製作，並以特殊防水覆模技術加持。

無論如何，花大錢買回來的高級腕錶，當然希望它在任何時候都能保持最佳狀態，因此千萬別小看定期全套保養的重要。

8

手錶可以當成一種投資嗎？

「萬一發生什麼的時候，勞力士的金腕錶，可以在全世界任何地方換成錢。」這個應該是相當有名的都市傳說之一了，這句話究竟是真是假，不得而知，但是，勞力士錶在全世界的中古市場非常流通倒是事實。人氣錶款甚至是以定價＋100萬日圓的漲幅在交易，若是經典錶款或限量錶款，價格飆漲至數千萬日圓的例子也時有所聞。

最有名的例子，勞力士的經典計時錶款迪通拿（Daytona）系列中的 Paul Newman Daytona，這款是於 1960 年初期至 1970 年代製作，錶盤使用的字體為特殊的 Exotic dial，再加上受到傳奇巨星保羅・紐曼（Paul Newman）的喜愛加持，他戴過的 Daytona 錶款，就被稱為 Paul Newman Daytona。Daytona 錶款的流通價格，幾乎逼近天價，尤其是**保羅・紐曼本人戴過的那只 Daytona 腕錶本尊**，在 2017 年的富藝斯（Phillips）拍賣會上，竟然以 **20 億日圓的超級天價拍板成交**，榮登世界最貴古董錶的寶座。

其實近年來，像這樣的名錶拍賣會已相當盛行。當中較具名氣及規模的有蘇富比（Sotheby's）拍賣、佳士得（Christie's）拍賣及富藝斯拍賣。這些拍賣行會向全世界的精品收藏家蒐購

這款就是保羅‧紐曼本人曾經戴過的勞力士 Paul Newman Daytona。配色為當時罕見的白、黑、紅三色，錶殼背蓋還刻有來自他妻子的留言：「DRIVE CAREFULLY ME」。獨一而二的經典，加上巨星的加持，讓這只腕錶成為拍賣會史上最高金額成交的天價古董錶。

名錶，並鑑定真贗，仔細小心的維修保養（有時也會委託原廠代勞），再安排在拍賣會上亮相。

偶爾也會出現諸如全世界唯一一只的獨門作品，或是超級名人曾經愛用的古董鐘錶等，充滿歷史價值的罕見商品。而當出現這種寶物級的拍賣錶款時，不只錶迷收藏家們爭相競標，有時甚至品牌也會出高價搶標，目的是買回至品牌自有的博物館收藏。因數量稀少且附加價值珍貴，越是古老或越有歷史意義的名錶，在拍賣會上的價格自然水漲船高。但我認為，這並不代表名錶因此就擁有等同於資產的價值。

勞力士錶的中古價格會如此高漲，主要還是因供需失衡。製造方所生產的商品數量如此有限，造成消費者「不管怎樣我就是想要！」的競爭心理，再加上炒作等因素，才會形成這種奇特的現象。說穿了，這就跟限量球鞋的風潮一樣。而這種奇特的保值、漲價現象，也只發生在勞力士這個品牌，其他品牌的名錶都沒有勞力士錶這般搶手。我想這是因為，那些位在製錶業界頂端的頂級品牌們不像勞力士，擁有普羅大眾人盡皆知的知名度吧。就算是數量稀少的高品質腕錶，但只有一小部分認識該品牌的人，才會被點燃搶購的欲望。

那麼，少數擁有特殊價值的名錶，就可以當成資產的一部分了嗎？我認為這沒有標準答案。

先不提勞力士這個特別的例子，百達翡麗、愛彼、朗格、江詩丹頓、寶璣等頂級名牌，或是理查德・米勒、F.P. Journe 這種僅限少量生產的特殊品牌；就算把它們當成資產的一部分，也不

會減損自身的價值，反而會因為物以稀為貴，甚至有可能成為一種資產。但若是要以投資的角度來說，一般的腕錶品牌，我就不建議當成投資標的來購入。

我認為腕錶還是應該戴在自己的手上，慢慢隨著時間的累積去品味，將它當成陪伴你度過人生的夥伴會比較適合。不過社會風氣正在轉變也是事實，根據專業行家表示，未來瑞士錶的中古市場價值，將可達到新品市場的 25 倍之多。而且這並不是單指那些罕見的限量珍品，一般腕錶在中古市場也能出現漲價熱潮。也就是說，若中古腕錶的市場變得更為活躍，那麼腕錶作為資產的價值也會隨之升高。

有些較具敏感度的品牌方，也對於這樣的狀況祭出相應之道。理查德・米勒及法穆蘭，都推出了像中古車認證一樣的中古錶認證服務，由品牌提供原廠的維修服務之後，再引進至專賣店販售。旗下擁有卡地亞等頂級品牌的歷峰集團，收購了英國知名的中古鐘錶專賣網站 Watchfinder & Co.，目的是為了避免中古市場的價格暴跌，想從中控制價格行情與波動。照這樣看來，若是未來中古市場的價格能保持穩定的行情機制，那麼腕錶的確可以視為一種資產。

9

古董錶值得買，若擔心零件停產，復刻錶是好選擇

　　由於我本身從事的工作與鐘錶息息相關，因此常有人找我商量：「古董錶值得買嗎？」先說明一下，一般古董錶，多指在石英錶革命崛起、瑞士鐘錶業進入寒冬期之前，也就是至 1960 年代為止所製作的錶款。

　　古董錶擁有許多不同的魅力。除非是經典傑作，或是數量稀少的限量款式，不然大部分古董錶的價格，確實會比當前現行錶款還要來得經濟實惠，也有不少人是被古董錶款那與現行錶款截然不同的設計與風格所吸引，特別鍾情古董錶。但是古董錶的世界其實非常深奧，外行人常感覺很難入門，這也是不爭的事實。

　　古董錶的世界到底有多深奧，實在一言難盡。以前，我曾經訪問過一位專賣店老闆，請教他對於古董錶魅力的見解。下面節錄的文字，就是當時訪問的精華：「說到古董錶的魅力，首先當然就是那裝在錶殼內的舊機芯啊！在以前，腕錶可是值得一生珍愛珍藏的寶物，因此機芯的耐久程度跟現在完全不一樣。拆解開

右圖／Longines Heritage Classic Chronograph Tuxedo：黑與白的配色令人聯想到晚禮服，故以 Tuxedo 命名。為 1943 年的復刻款式，錶殼直徑加大為 40 毫米，機芯使用矽質製造的游絲，整體以現代化技術重新打造。

自動上鍊（Cal. L895）、精鋼錶殼、直徑 40 毫米、防水性能 3 巴。
價格：約新臺幣 105,500 元

左圖／這個就是 1943 年的版本。搭載的機芯，是現今被視為古董錶界的至寶 Cal. 13ZN，非常受到各路收藏家及錶迷的關注。

來一看就知道了，底板等零件的厚度跟現在的截然不同。

「現在的機芯，是透過零件組裝起來才能展現強度，所以每個零件其實都很軟。但以前的機芯不是這樣，以前的零件，每個都比現在來得厚多了。另外製作的素材也不一樣，以前會將金屬精製之後放置大約 3 年，等到它變得更有韌性之後，才會進行加工、製成零件。」

所以，古董錶從零件的品質，就已經與現行錶款不同⋯⋯光是這段話，應該就能聯想到古董錶的世界到底有多深不可測了吧？但這也意味著你可以用相對合理的價格，買到品質非常優良的腕錶。

不過，古董錶需要費心注意的點也很多。尤其是錶殼的防水性能，大大輸給現行錶款，下雨、洗手、甚至汗水，都有可能讓腕錶受潮，必須非常小心。此外，相較於現行錶款，古董錶的定期全套保養維修更是不能省。最令人害怕的是，萬一古董錶故障了，卻因為該腕錶專屬的零件已經停產，連想換新都沒辦法換，這才令人煩惱。因此零件也需要囤貨，或是委託經驗老道的專門店協助訂購，否則一旦停產，那就難救啦。這和經典的老爺車是一樣的道理，正因為是古董級的特殊產品，因此需要透過可信賴的專賣店進行買賣、維修，自己也要小心翼翼的使用。

若是上述這些注意事項讓你覺得很麻煩，想打退堂鼓的話，我會建議你，不妨將目光轉向經典復刻款。1940 年代～1960 年代，也就是腕錶的顛峰黃金期，不少歷史悠久的腕錶品牌，將誕生於黃金年代的經典傑作腕錶的風格與設計重新復刻，以經典復

刻或紀念款的方式重新上市。

既然強調復刻，那麼當然希望是完全重現過去的設計風格，但難免還是會遇到棘手的特殊狀況。

瑞士的鐘錶品牌在 1970 年代，因石英錶革命的影響，機械式腕錶在當時被視為落後時代的產物，加上石英錶的衝擊，造成不少瑞士錶品牌陷入經營困難，有很多機械式腕錶的原型及設計圖都被丟棄。也因為這段歷史，有些錶款無法輕易復刻，相當令人遺憾。不過，近年來透過拍賣會，稀有的正版錶款可以透過拍賣，讓收藏家買回家收藏保存；3D 列印技術也可加以應用，讓錶殼的設計變成數值，再利用數值數據，做出復刻版型，目前也有越來越多品牌會採用此方式。即便是復刻也會用如此講究的方式製作，應該也能滿足消費者的心情。

據說當有新的復刻錶款上市時，錶迷或收藏家們就會像是尋寶一般，往古董錶市場尋找該復刻錶款致敬的原版，意圖珍藏。復刻錶與古董錶彼此維持著不離不棄的親密關係，同時也成為支撐名門老牌的當家支柱。

10
金、銀、銅的比例，
調出錶殼的顏色

　　傳統黃金製錶殼的金錶，在日本人的印象中偏向負面，或許是因為看起來太過浮誇。但是，我建議千萬不要因為刻板印象，而先入為主的抗拒黃金這個自古以來就受到製錶界喜愛的素材，否則在選購腕錶時，選擇將會大大受限，這就非常可惜了。

　　畢竟還是有不少品牌，只製作貴金屬錶殼的腕錶，且就算精鋼材質已是非常實用的金屬素材，但一般正裝錶款，幾乎不會選擇使用精鋼材質來製作錶殼。

　　黃金的色澤華麗、特性柔軟易加工，遠在西元前的古埃及時代，就已經被用來製作珠寶飾品。不過，柔軟易加工，同時也代表硬度及強度不夠、易受損，因此用來製作錶殼時，必須混入其他金屬，混合的比例是 75% 的純金與 25% 的金屬，提高硬度與強度，使錶殼更耐用。而根據選擇混合的金屬種類之不同，最後融成的合金，也會有不同的色澤變化，例如黃 K 金（Yellow Gold）或玫瑰金（Rose Gold）等，多種色彩奪目的美麗金屬。

歐米茄首款登月的傳奇腕錶超霸系列（Speedmaster），結合了
MoonshineTM 金：為慶祝人類首次登月後的 50 週年紀念，歐米茄
特別推出這款，將月球的優雅與神祕之美極致呈現的紀念腕錶。
價格：約新臺幣 1,195,000 元

混合金屬的目的是為了提升純金的硬度，通常最能發揮此效果的金屬就是銅；但銅的比例過多的話，又會擔心硬度過高，反而容易刮傷，此時為了添加柔軟度，就會選擇混入銀。

這些混合比例，視各家品牌或其麾下的金屬加工廠，都會有些微不同，例如歐米茄的資料顯示：金 75％＋銅 12.5％＋銀 12.5％ 為黃 K 金；金 75％＋銅 20.5％＋銀 4.5％ 為玫瑰金。

順帶一提，飾品當中非常受到歡迎的綠金（Green Gold），其所含銀的比例就比黃 K 金來得高；而與亞洲人膚色最為相襯的粉金（Pink Gold），其所含銀的比例也比玫瑰金來得高。

白色系的貴金屬，例如白金（White Gold）或是鉑金（Platinum）。鉑金因其稀有性，多被視為工業用素材，常應用於汽車的消音器觸媒等工業製品方面，很少會被拿來當成製錶材料。而作為替代選項的白金，其比例是金 75％＋銅 10％＋鈀 15％。降低了銅、提高又白又硬的鈀的比例，雖然這種做法能做出白色系的金屬，但其濁度沒有那麼容易消失，因此最後會再加上銠金屬塗層，使其呈現美麗的白金色澤。由於鈀跟貴金屬一樣，屬於高價位素材，故相較於其他合金，白金的錶款定價就會比較高。

儘管這些貴金屬合金素材，都有著華麗又獨特的風采，但缺點就是內含的銅與銀，這類金屬容易氧化，長期使用之下，會隨著時間漸漸褪色。另外，前面也提到，純金混合其他金屬的排列組合與比例其實就只有那幾種，要在有限的比例組合中，做出自家產品的差異化，這對各家品牌而言都是一項挑戰。也因此，各

家品牌為了要讓腕錶展現獨一無二的品牌氣質，無不致力於開發嶄新的金屬製錶素材。

以歐米茄為例，歐米茄不斷鑽研新穎先進的材質，多年來研創多種合金，品牌麾下有三項獨門特殊的合金素材。首先介紹，閃耀著有如月光般如夢似幻光澤的 MoonshineTM 金，它的比例是金 75％＋銅 9％＋銀 14.5％＋鈀 1％；以太陽系其中一顆最紅的小行星 Sedna 命名，亮麗的紅色為最大特徵的 Sedna™ 金，其比例是金 75％＋銅 20.2％＋鈀 1.4％；最後是特殊 18K 白金合金 Canopus GoldTM 金，Canopus 之名，源於一顆閃耀明星，它比太陽大 71 倍及光亮 10,000 倍；這款特殊合金的比例是金 75％＋銠 2％＋鉑金 2％＋鈀 21％。

至於為什麼 MoonshineTM 金，與 Sedna™ 金的金屬混合比例總和並不是 100％？這是因為歐米茄並未公開更詳細的資訊，其實金屬的混合比例配方，可說是各家品牌的商業機密，不可輕易洩漏。其他像是朗格也有獨家專利的 18K 蜂蜜金（HONEYGOLD）；沛納海的 Goldtech™ 紅金亦是獨門專利的特殊合金；勞力士的永恆玫瑰金（Everose Gold）及宇舶的皇金（King Gold），也都在錶界赫赫有名。

貴金屬腕錶，除了本身的高級感與華麗尊榮感之外，若能了解在這美麗光澤背後所蘊藏的故事及智慧，想必更讓你愛不釋手、再三玩味。高端又穩重的貴金屬腕錶，能為成熟大人的手腕，妝點更多知性魅力。

高機能機型海馬系列（Seamaster）的 AQUA TERRA GMT
WORLDTIMER 腕錶，將全世界的時間都刻化在錶中，Sedna™ 金
錶殼配襯 Sedna™ 金錶鏈帶，讓整體更顯華麗。

價格：約新臺幣 1,318,000 元

擁有獨特個性的碟飛系列（DE VILLE）陀飛輪腕錶，錶殼結合 18K
Sedna™ 金與 18K Canopus Gold™ 兩種材質，錶圈和錶面則採用
18K Sedna™ 金，錶面經太陽線紋打磨及黑色物理氣相沉積處理，相
當特別又華麗。

價格：約新臺幣 5,774,000 元

11

搭配晚宴服的錶，
要捨棄秒針和日曆功能

　　上班族的固定裝扮，應該很常被揶揄整齊統一、毫無個性。畢竟夏天就是薄西裝、冬天就換厚西裝，感覺好像只是穿多穿少的差別而已。不過近年來，越來越多上班族也會穿著夾克或西裝褲以外的長褲出門上班，而適合上班族配戴的商務錶，也增加了不少款式以供選擇。

　　以前的商務錶款式，幾乎多是簡潔的三指針錶盤、皮革錶帶，錶殼也是沒有修飾或巧思的精鋼錶殼，整體就是一只正經八百的腕錶。

　　時至今日，腕錶早已變得與飾品相去無幾，如時下盛行的時尚潮流，有著各種不同的風格，腕錶應該也要有多一點的變化。例如金屬製的錶鏈帶，戴起來應該也會有不同風情。

　　說起來，亞洲的夏季悶熱又潮溼，完全不適合使用防水性差的皮革錶帶。因此瑞士的製錶品牌們，也針對不同市場，讓簡約風格的錶款，設計搭配金屬錶鏈帶。關於錶盤的顏色，以往黑

色、白色、灰色被視為正統派，但現在海軍藍、深藍這類受到男性時尚市場歡迎的顏色，也列入正統派選項之一。

那麼，在宴會或是喪禮這種特殊場合，腕錶的 TPO（按：指時間、地點、場合）又有什麼演變？

過去設計搭配晚宴服的腕錶時，通常會考慮到腕錶及晚宴服的配色，及整體的視覺平衡，因此大都採白色錶盤配鉑金（或白金）錶殼，錶帶則是黑色，並且會捨去動個不停、看起來很忙碌的秒針，及實用性質的日曆功能，僅留下時針與分針，讓腕錶整體呈現簡潔優雅、不疾不徐的氣質，並營造出不受時間拘束的從容大氣。但現今又是如何？我們不妨參考一下，號稱世界最講究禮節的英國皇室的公開照片吧。

從眾多英國皇室的公開照片可以看到，威廉王子穿著晚宴服的時候，手上戴著的是他平時就很喜愛的運動腕錶。可見就算是貴為皇室的高階級人物，也覺得晚宴服只能搭配二指針式腕錶，已經太過時了。（還有，威廉王子搭配的襯衫也不是傳統的翼領，而是標準領襯衫加上領結。）

若威廉王子的穿搭會讓你驚呼：「連皇室都可以這麼自由嗎？」那麼音樂家或是時尚領域的相關人士，應該就更自由好幾倍。看看諸如葛萊美或奧斯卡這種大型頒獎典禮，眾多明星及名人聚集在一起，他們同時也享受著透過腕錶展現自我個性的樂趣，尤其女明星及名媛的禮服，幾乎都是露手臂及手腕的款式，更適合秀出自己精心選的腕錶。這類型場合的邀請函上，通常會註明務必穿著晚宴服或禮服入場，但對腕錶則沒有任何規範，再

再證明其實腕錶的搭配是自由不受限，且非常歡迎參加者在此等場合盡量展現自我，秀出自己的品味與魅力。

看到這裡，想必你會提問：「喪禮就不適合說什麼享受樂趣了吧？」那麼，參加喪禮時所戴的腕錶，又有什麼規範？一樣來看看皇室家族們的例子。

摩納哥皇室的第 4 順位繼承人，安德烈・卡西拉奇（Andrea Casiraghi）王子（傳奇王妃葛麗絲・凱莉〔Grace Kelly〕之孫）在參加親族的喪禮時，身著黑色西裝及黑色領帶，內搭白色襯衫，可說是非常正統、端莊的裝扮。但當時他戴著的腕錶，是以運動錶款聞名的理查德・米勒。或許你會覺得，這是因為安德烈王子本身豪放不羈的個性，加上身為時尚界名人的關係，但英國皇室的凱薩琳（威廉王子之妻），她在參加喪禮時，手上也戴了一只非常亮麗的卡地亞腕錶。當然，那只腕錶並沒有使用奢華浮誇的黃金或紅金等貴金屬素材來做妝點，甚至連鑽石裝飾都捨去，是一款非常內斂典雅的腕錶。

看來，儘管是出席喪禮，只要有守住低調不張揚的禮貌，其實也沒有什麼太嚴厲的規範。向來重視繁文縟節、層層規範的皇室成員們對於腕錶的態度都能如此自由，可見世俗以往注重婚喪喜慶、對於腕錶的搭配還有一堆墨守成規的做法，真的已經過時了。

那麼，腕錶到底有沒有所謂的 TPO？我認為最低限度應該要注意的唯一門檻，就是錶殼的尺寸大小。例如，商務談事或是宴會派對的場合，腕錶的尺寸就跟袖口的大小有關。錶殼太厚的

話，袖子容易積在袖口，腕錶也會卡在袖口，如此影響整體的儀態、觀感。最理想的錶殼厚度，應是 12 毫米～13 毫米左右，而大多數的計時錶款或潛水錶款就不會是理想選項。

若是你真的非常喜歡粗獷風格的運動錶款，建議訂製袖口可以做比較寬的襯衫，或是費心挑選袖口寬幅比較有餘裕的雙層袖口襯衫，會比較保險。

腕錶終究是要戴在手上使用的物品，與人的身體緊緊相依。如今腕錶的風格與款式、穿搭都很自由不受拘束，因此妥善選擇腕錶的最佳尺寸，才能更顯聰明又時尚。

第四章

鑑賞重點看這裡，一眼看出值不值得收藏

錶盤、錶殼、指針等無一不是製錶師、設計師匠心獨具，透過一只腕錶，展現每個環節所蘊含的藝術美感、訴求與主張，若你能正確找到鑑賞重點，就更能一眼看穿這只腕錶的優劣之處。

1

錶盤，重點在於精緻度、質感、素材

　　錶盤，可說是腕錶的臉。錶盤的素材皆是金屬板，為了要讓冷冰冰的金屬板，華麗變身成足以吸引目光的「臉」，必定要好好的化妝打扮。

　　錶盤設計，有非常多的工藝技巧與裝飾風格，而在鐘錶的世界中，**最為有名的技術，當屬機刻雕花（Guilloché），即手工鏨刻的打磨飾紋**。原本機刻雕花的技巧，並非應用在製錶設計方面，直到 1786 年，寶璣的創辦人亞伯拉罕－路易・寶璣，首次設計自家的機刻雕花紋樣，並運用至錶盤設計上，成為錶壇中運用機刻雕花的第一人。

　　時至今日，機刻雕花的紋樣，已延伸出許多的花色變化，其中較為有名的，例如，以巴黎石磚道為意象的巴黎卵石紋、以太陽光線為意象的太陽紋等都很受歡迎。一枚錶盤上，也可能會使用不只一種機刻雕花的紋樣。

　　機刻雕花的功用，一方面是要避免指針因為光線折射而難以

辨識，然而真正厲害的工匠，都具備超一流的機刻雕花技術，這也是為了讓他人難以模仿、偽造。機刻雕花的各方面成本所費不貲，通常只有等級較高的商品才會使用，換句話說，只有高價位

機刻雕花（手工鐫刻錶盤）是寶璣的標誌性特色。由技術純熟的專業師傅，使用歷史悠久的古老機具，一紋一紋手工雕琢，極為精緻。

的高級腕錶，才會使用機刻雕花。但特別要注意的是，市面上也是有偽裝手工鐫刻的雕花，而那些只是利用現代衝壓製造出的速成雕花，不可不慎。真正技術純熟的工匠，使用傳統手工做出的機刻雕花，線條俐落流暢，會因應光線角度折射，而閃耀著光芒；衝壓製造的速成雕花，質感相對遜色，也沒有光芒。

太陽紋（Sunray Finish），就是一種經常運用在高級腕錶上的精緻打磨飾紋。打磨刻下的紋路，從錶盤中心呈現放射狀，向外布滿整個錶盤，線條有如太陽光線因而得名。與機刻雕花不同的是，**機刻雕花是將紋路深深雕入錶盤，而打磨飾紋的紋路則較淺**。打磨拋光的目的，是為了讓紋路的凹凸可以配合光線折射，產生光芒及顏色變化。錶盤的配色諸如藍色、灰色、棕色等，透過精緻的打磨拋光，能讓錶盤的顏色更有深淺變化與質感。

錶盤的質感與美觀，會大大影響整體的呈現。**高級的正裝錶所愛用的裝飾工藝技法之一──大明火琺瑯**，是指工匠在一片拋光金屬基板的表面，塗上一層玻璃般光澤的琺瑯磁面，再進行燒製的方法。稍有不慎，就會歪斜或龜裂，因此需要極為純熟的技術，才能製作出完美成品。如此製造出來的錶盤，就像精緻的琺瑯工藝品一般，給人純淨透澈的感覺，又蘊含深度的光澤。指針也同樣運用琺瑯工藝來製作，經過高溫燒製的指針不會輕易斑駁褪色，可常保質感與光輝。

漆藝（Lacquer）也能呈現出與琺瑯相同的光澤感。透過反復上漆，一樣能堆疊出有深度的光澤。儘管漆藝與大明火琺瑯所呈現出來的美觀效果極為相似，但大明火琺瑯從原料到製造，都

是純手工藝，每一個成品都有些微的差異，而這些微的差異，正是手工製品的韻味。

重複上漆所製成的錶盤，再經過研磨，整體雖然美麗又平滑光整，但這種無差異的均一感，應該比較接近工業製品。上漆別名又稱冷琺瑯（Cold Enamel），因為這種工法不用經過高溫燒製，故以此稱之。

腕錶也可以當成首飾，故錶盤的素材也值得關注。仕女錶經常使用半貴金屬的翡翠、虎眼石等，製成輕薄型的珠寶錶；而男錶款則是宇宙物質最受歡迎。將隕石切割、打薄製成的隕石錶盤，會因為切割的不同角度，帶有各自迥異的紋路，成為獨一無二的特徵。閃耀點點光芒的砂金石，最常被用於月相錶的錶盤裝飾，代表繁星點點的星空意象。這種帶有宇宙色彩的素材，也有其特別的韻味。

2

你的時標
用鑲貼還是印刷？

　　若說錶盤是腕錶的臉，那麼，時標及指針就是五官。在錶盤上用來表示時刻的記號（最常見的就是阿拉伯數字 1 到 12）就叫做時標。

　　鐘塔上的時鐘，或是懷錶等，多是羅馬數字（I、II、III）。而這個傳統傳承至今，**古典風格的正裝錶，幾乎都會使用羅馬數字時標**。而阿拉伯數字的 4，在羅馬數字中應該是 IV，用在錶盤時標上，則會以 IIII 的形式呈現，原因已不可考，但這已經是錶界通例。

　　雖說是傳統，但羅馬數字較難一眼就清楚辨識；為了快速辨識、避免看錯，軍用腕錶或運動腕錶就會使用阿拉伯數字。阿拉伯數字最容易辨識，就算有些變形也不會影響判斷，因此有許多錶款都會選擇用阿拉伯數字來做設計上的變化。造型奇特的時標，也能成為一種特色，例如寶璣的時標就是飽滿的斜體，其充滿魅力的設計，更讓寶璣的阿拉伯數字時標，擁有寶璣字體的專

屬美譽。而愛馬仕錶款，則以馬的步法為發想，設計出充滿躍動感的阿拉伯數字時標，成為愛馬仕錶款代表性的特徵。

　　與上述兩種設計性時標抗衡，條狀時標（長方體）也相當常見。其實從正裝錶到運動腕錶，都適用條狀時標，說是百搭時標也不為過。利用厚薄、粗細，及角度的不同，藉此反射光線，加上夜光塗料，就能提高夜間辨識的能見度。既可走華麗奪目的高貴路線，也能走精實幹練的機能美風格。軍用腕錶及運動腕錶也會將條狀時標結合阿拉伯數字時標運用，這是為了避免誤認時刻，條狀時標搭配阿拉伯數字，反而更能一眼就清楚辨識出時間，可說是相當傑出的設計技巧。

　　要在錶盤加上時標，也講究方法。最能展現高貴感的方式，就是植字，也就是將時標視為外部零件，一個一個精心完成後，再鑲貼到錶盤上。這種做法的時標具有立體感、配合光線折射更顯華麗，條狀時標及阿拉伯時標也經常使用植字做法。造型較複雜的羅馬數字時標則不太適用，因此大都用印刷。當然，植字和印刷並沒有孰優孰劣，不過，若是有羅馬數字時標使用植字鑲貼，代表製作這款腕表的人，肯定投入了許多心血與工夫。

寶珀的 Villeret 系列錶款，正統古典風格的正裝錶，羅馬數字時標採用費工的植字鑲貼，整體的高貴感倍增。

3

指針為什麼不能
直接壓在數字上？

　　對於鐘錶來說，指針是指示時刻的重要配備。而指針的設計，例如，太子妃指針、棍棒式指針、柳葉形指針等，樣式多元，各種不同風格的錶款，一定都找得到適合的指針。不過，若只是討論指針的造型，就還太表面了，真正值得鑑賞的，其實是色澤。

　　高級錶款經常會使用藍色的指針，叫做藍鋼指針。藍鋼其實是一門金屬表面處理工藝，先將鋼質零件（也就是指針）加熱至攝氏 300 度，指針表面經過氧化、淬火，變成藍色；再經過化學水溶液冷卻、皂化等過程，金屬表面會產生一層極薄，又具有光澤的淺藍色磁鐵礦膜。這種手法又俗稱「烤藍」，負責燒製的師傅，需要靠純手工，以及精準掌握溫度與火候，才能讓指針零件的色澤均勻，這只有經驗豐富又老道的專業師傅才能辦到。

　　這裡介紹一下來自德國的新興獨立製錶品牌「MORITZ GROSSMANN」，其特殊的棕紫色指針，乃是它們擁有高超實

力的證明。

前面說到，製造藍鋼指針時，必須加熱至攝氏 300 度，而這種被稱為「退火鋼」的棕紫色調，則是在鋼質轉化呈現藍色、大約 280 度時停止加熱，才能燒出這種介於深紫與棕色的複雜色澤。若非經驗老道的專業職人，根本無法如此精準的掌控溫度與時間。

真正費工製作的藍鋼指針，充滿了尊貴奢華的魅力，但並不是所有藍色的指針都是藍鋼指針；也有一些僅是利用化學藥劑來染色，其質感及光澤，自然無法與真正的藍鋼指針相比。

除了色澤，長度也是鑑賞指針的另一個重點。

為了要能正確得知當下的時刻，理想中的指針長度，應該是要能直接指在時標上、最好是連分鐘刻度都能對準，對吧？但實際上，指針的長度非但沒有那麼長，甚至連時標都碰不到。為什麼？原因出在指針長度與機芯的扭力矩的關係。機械式機芯藉由旋緊發條、運轉產生扭力，進而推動機芯各個零件運作，穩定的扭力能維持穩定的精準度，但若是指針太長或體積太大（例如長到直指分鐘刻度），在走時運轉時，反而會使機芯發條產生過多的扭力而失衡。

雖說只要增加發條的動力儲存，就能提高機芯的扭力矩，但是薄型機芯的空間有限，就不可能這麼做。也就是說，指針的長度取決於機芯的扭力，為了配合扭力矩，才刻意不把指針做得太長。

在鑑賞錶款的時候，先不論錶體的厚度，若是看到**指針長到**

足以直接指在時標上，這就代表藏在錶體之中的機芯功能很優
秀。能讓指針流暢行走的腕錶，肯定也是很講究內部細節的優質
腕錶。

朗格的 1815 系列錶款，超長指針非常有氣勢，不只能指到時標，連
分鐘刻度都能準確指出。長度幾乎快要碰到錶圈，在錶盤上相當顯
眼。精工打造的藍鋼指針，堪稱完美無瑕。

4

錶圈較粗的注重機能，
較細的注重裝飾

　　錶圈，是指用以固定錶鏡（通常錶鏡會以擋風玻璃製成）和錶身的外環。較粗的錶圈，給人的感覺比較陽剛，常見於運動錶款；較細的錶圈，則是讓人覺得細膩精緻，常見於重視裝飾風格的正裝錶。其實就跟眼鏡鏡框差不多意思。

　　粗壯型的錶圈最重視功能，例如潛水錶。潛水錶的錶圈可以旋轉，外圈標識 10、20、30 的數字、12 點鐘位置有一個標識。潛水時轉動錶圈，使錶圈上的零刻度對準分針，再對應錶圈上的刻度，就可以知道潛水所用時間。而潛水錶的錶圈只能單向旋轉，這項功能對於潛水者來說很重要，在水中若是不小心胡亂轉動，導致錶圈卡住或計時錯誤，這對潛水者來說非常危險！潛了多久、氧氣是否快要短缺等，與時間相關的訊息，無不攸關潛水者的生命安全。潛水錶與防水錶最大的差異也在於錶圈功能。而正因為潛水錶的錶圈功能，才讓潛水錶成為潛水者在水中的生命時鐘。

　　錶圈也能當成計時器，最有名的就是用來測速的視距儀（Tachymeter）。標示在錶圈外圍逐漸變小的數字刻度（如300、275、250、225 等），常見於計時碼錶上，用途是測量在特定距離內的行進速度。大部分的計時碼錶，大約可測速至 400公里，而這已經是包含競速車款在內、汽車的極限值了。百年靈的 NAVITIMER 航空計時系列，測速標示值是從 1,000 開始。

　　另外，GMT 腕錶可以顯示兩個不同地方的時間，其功能也是善用了粗壯錶圈的特質。甚至有些 GMT 錶款，標榜能顯示第

號稱是潛水錶款的原點，寶珀的五十噚（FIFTY FATHOMS）系列。
堅固牢靠的單向旋轉錶圈，讓腕錶也能成為計時器。

三地的時間。透過旋轉錶圈和中央的 24 小時指針，佩戴者就能得知第三地時間。

那麼細薄錶圈呢？設計優先，可說是細薄錶圈的核心重點。越是講究端正古典的錶款，錶圈就越細薄。因此，若是要附加計時、測速功能，就會將這些裝置收進錶盤，即便是計時碼錶，也會因為搭配了細薄錶圈，而展現出端正的氣質。也有部分潛水錶是將錶圈收進錶鏡內，整體看起來更俐落簡潔。

該怎麼選擇錶圈的粗細？端看你選擇功能還是設計。

以時尚設計受到歡迎的 Bell & Ross 柏萊士，旗下錶款 BR V2-93 GMT 系列，在錶圈有 24 小時的刻度標示，可搭配 GMT 指針使用。

5

用不鏽鋼做錶殼，
最耐操

　　關於各種貴金屬素材製成的錶殼魅力，已經在第三章第 10
節就闡述過。但使用耐磨損、重量輕等重視功能性的素材所製作
的錶殼，也依然有許多值得鑑賞的地方。

　　目前市面上幾乎有一半以上的錶殼，是使用精鋼（Stainless
Steel），也就是俗稱的不鏽鋼製成。它是以鐵為基礎，加上其他
金屬合金，具有極不易磨損、不易生鏽、抗腐蝕性與抗磁性的特
性。而精鋼也依據成分結構、內含元素的比例，而分別有不同
的等級及型號，SUS304 為最常見、最被廣泛使用在一般錶殼的
通用型號；而較高級的，則會使用添加了鉬的 SUS316L，俗稱
「醫療鋼」，這個型號的抗氯化，及抗腐蝕力更為優秀，食品工
業、外科手術器具等，也會使用這個等級的精鋼來製作。在眾多
鋼材中，抗腐蝕力最強、號稱「超級鋼鐵」的 SUS904L，則是
頂級腕錶品牌勞力士、波爾錶（BALL Watch）、辛恩（Sinn）
等強調堅實耐用的品牌錶款的錶殼愛用素材。

　　精鋼最大的魅力，就是便於加工。俐落的切面很是美觀，依據研磨方式，也能變化出不同的造型，不論是平面髮絲紋，或斜面光澤，都能經過拋光打磨，更顯美麗。錶殼尤其注重立體感，使用精鋼素材，更能彰顯出氣勢。近年有著高人氣的奢華運動錶（第 116 頁），也會透過精鋼錶殼，來展現強烈的設計風格及華麗作工。

　　日本腕錶品牌界所使用的研磨技術——SALLAZ 超鏡面研磨，是以打磨機具製造商的品牌 SALLAZ 來命名。以此打磨出來的漂亮表面，在跟反斜的錶殼側面接合後，形成了銳利的造型美感。據說這門獨家研磨技術，幾乎凌駕瑞士製錶的技巧。

　　既然說到了拋光打磨，就要來聊一聊鈦金屬。鈦金屬原本主要運用在航空宇宙產業，輕量化又不易生鏽的特性，讓鈦金屬成為極具魅力的素材。1960 年代，寶珀首次將鈦金屬運用於腕錶；現今鈦金屬錶殼則已經相當常見，然而這一路走來，實屬不易。

　　鈦金屬本身的化學特性，使得很難進行加工，因為鈦在空氣中容易與氧產生反應，表面很快就會形成一層氧化薄膜，雖說這層薄膜可以防止鈦金屬生鏽、也可防止金屬過敏，但也因如此，讓加工變得非常困難。例如，切割鈦金屬的過程中，銼屑會容易黏附在鋒刃上，磨損鑽孔機，甚至產生火花等危險性。就算要打磨，也會因為磨掉的部分很快就會形成薄膜，導致表面容易凹凸不平。

　　因為鈦金屬的這種特性，較難打造出光滑的錶殼，也難以呈

現高級感，故向來只有強調動感與力量的運動錶，才會使用鈦金屬錶殼。但鈦金屬並不是完全無法華麗變身，若是不考慮成本、製作時間，及繁複手續，鈦金屬也能打磨出適合正裝錶的美麗曲線與光澤。換言之，使用鈦金屬錶殼的錶款，都有著非常獨特的個性。

　　精鋼也好、鈦金屬也好，都是以實用、耐操、防鏽、輕量等特性獲得大眾關注。然而比起功能特性，便於打磨、展現工匠及設計師的匠心所在，才是這類素材受到愛用的主因。

Grand SEIKO 的 SBGR315 錶款，錶殼精美平滑的切面是最大特色。使用 SALLAZ 超鏡面研磨，不論是平面或斜面都非常美麗，接合處也相當精準，毫無瑕疵。

6

高端愛錶玩家，
換錶帶如換衣服

在氣候高溫又多雨潮溼的亞洲地區，除了運動錶款之外的腕錶，就需要配戴高度抗溼、防水的金屬錶帶。但是高冷地區的瑞士所製作的腕錶，尤其**正裝錶，基本上都是皮革錶帶**，但是皮革錶帶是一種消耗品，必須定期更換，而選購新錶帶，也成了一種趣味。

最近越來越多名門腕錶品牌，開始大幅增加錶帶替換的種類，也進口各種國內外知名錶帶品牌的產品，甚至可以客製化。

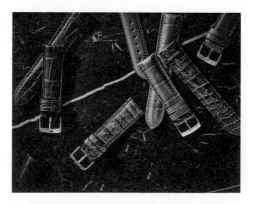

法國知名的錶帶品牌匠瑞獅（Jean Rousseau），在日本銀座等地設置了品牌概念店，亦提供訂製服務。不只皮料種類豐富，在店面還可以實際挑選喜歡的皮革顏色及部位，享受客製化專屬錶帶的樂趣。

有越來越多消費者，將替換錶帶視為一種樂趣，藉此展現出不一樣的風格。

那麼，該怎麼選擇錶帶？皮革錶帶的經典素材就是鱷魚皮。鱷魚皮大致可分為兩種：短吻鱷（alligator）與鱷魚（crocodile）。一般說到的鱷魚，大都指體型巨大，且外表較猙獰；相較於短吻鱷，鱷魚的數量稀少且難以養殖，基於成本考量，加上錶帶是消耗品，市面上大多數的鱷魚皮革錶帶，幾乎都是用短吻鱷的皮。

鱷魚皮表面有像鱗片一般的紋路，這大大影響了錶帶的氣質。腹部的皮，紋理像竹節一般，俗稱竹節紋；四肢側腹的皮，則有圓紋。竹節紋鱷魚皮製成的錶帶，會讓人覺得優雅，因此**正裝錶幾乎都會選擇竹節紋鱷魚皮錶帶**；圓紋鱷魚皮錶帶比較容易展現花紋的深淺層次，適合做成藍色或紅色等亮眼色系；大錶殼的運動錶款需要的質感也與一般不同，因此會選擇使用鱷魚背部的皮（俗稱背皮、骨皮）來製作，背皮粗糙堅硬的特殊質感，恰好適合運動錶款。不同部位的鱷魚皮有著不同特性，了解這些知識後，想必能更添鑑賞錶帶時的樂趣。

若是想要再更與眾不同一點，鯊魚皮或珍珠魚皮（魟魚皮）也很值得參考。鯊魚皮的耐用度非常高，乾燥的質感與運動腕錶的粗獷氣質很搭。珍珠魚皮那有如珍珠般的珠粒表面，非常適合做設計變化，不論是直接展現粗紋皮革的特色，或是將珠粒表面削去、使其形成特殊的斑點狀紋路，都能展現奢華貴氣的風情。配戴上珍珠魚皮的腕錶，看起來就像精品首飾，值得細細玩味。

腕錶本身終究還是以計時為主，但錶帶就像衣服，能像換衣服一樣，藉由換錶帶來展現穿搭品味，並且樂在其中的人，可說是非常高端的愛錶玩家了。

7

真正懂錶的，都在聊機芯

　　最近有越來越多腕錶的背蓋使用藍寶石水晶鏡面，使配戴者可以看到錶的內部奧祕。

　　在錶的內部滴答運作的，就是錶的心臟──機芯，也是愛錶玩家們最喜歡、最熱衷的鑑賞重點。但是鑑賞機芯時，各位務必留意一個很重要的大前提。

　　機芯有兩種，一種是由製錶廠（品牌）從頭到尾一條龍原廠自製的「自製機芯」；另一種，則是由機芯製造廠大量生產製造的「通用機芯」。讓愛錶玩家們深深著迷、**具有鑑賞價值的則是自製機芯**。

　　機芯所需要的零件既細微又複雜，而這些零件全都由原廠自製，代表該品牌非常講究機芯的細節部分，而就是這份講究，才能製作出優質又美麗、值得品味的頂級機芯（腕錶）。

　　關於**自製機芯的鑑賞重點，首先就是倒角**。

　　機芯的基本構造：在金屬板上面組裝各種大小的齒輪、發條、螺絲等零件，最後再用夾板或橋板將之固定。將這些零件周

圍垂直的邊角，透過手工仔細切割、打磨，讓邊緣變成圓潤的斜面或弧面，這道工夫就是倒角。要讓這些細微零件分毫不差、精準銜接組裝，切割與打磨就不能有半點誤差，這是一項很困難的修飾工藝，製作一個，可能就要花上 10 小時。然而也因為這項作業如此費工，最後完成的機芯，才能閃耀著多層次的美麗

朗格的 Lange 1 錶款所搭載的機芯：Cal. L.121.1。大金屬板上的波紋叫做格拉蘇蒂肋紋，是打磨飾紋的其中一種。鑲嵌的人工寶石軸承使用螺絲固定黃金套筒。當然，每一個零件都經過倒角打磨修飾。

光輝。

　　機芯中使用的藍鋼螺絲，及人工紅寶石軸承，也是值得注意的美觀重點。藍鋼螺絲跟前述提到的藍鋼指針（第 188 頁），都是使用相同手法製作。

　　藍鋼螺絲經過烤藍後，一樣不易生鏽，也為金屬製的機芯，增添了幾分亮眼色彩。人工紅寶石軸承，則鑲嵌在齒輪與輪軸之間，用來減輕齒輪旋轉時造成的摩擦，有潤滑緩衝的效果。高檔腕錶的機芯，通常會選擇體積較大的寶石軸承，跟藍鋼螺絲一樣，都是為了讓機芯更加亮眼華麗。值得一提的是，朗格錶的招牌工藝之一──螺絲固定黃金套筒，是朗格機芯華麗奪目的重要因素之一，也是時至今日依然擁有高評價的朗格精緻工藝。

　　讀到這裡，想必你會問：「難道通用機芯就沒有可看之處嗎？」通用機芯當然也有值得欣賞的地方。

　　不論是自製機芯或是通用機芯，機芯的橋板及自動盤（又稱擺鉈，會隨著手腕擺動而產生力矩，並藉此為發條上鍊。是自動上鍊錶款必備零件），都會運用極為講究的裝飾工藝。例如，很多機芯金屬盤會有日內瓦波紋，或是珍珠圓紋的打磨飾紋。打磨飾紋最重要的目的，就是讓錶面變得更加平滑，磨去缺損與雜質，也避免生鏽。對於包藏在錶體之中的機芯，也如此慎重看待，施以精細繁複的工藝技法，讓人完全可以感受到，品牌有多麼重視自家的錶款。

　　機械式機芯的最大看點，就是分秒不差持續運轉的擺輪。擺輪是在轉軸上來回擺動的一個圓形零件，擺輪與游絲相連，游絲

帶動擺輪進行往返運動，組合成腕錶的調速機構，對走時有著決定性的影響。擺輪運轉時，會發出滴答滴答的聲音，聽起來就像腕錶的心跳聲，格外有趣。

擺輪的振動頻率因錶款而異。古典路線的正裝錶，大都裝備體積較大的擺輪，因此多為低振頻錶款；計時碼錶的機芯擺輪通常較小，因此多是轉速快的高振頻錶款；而高級奢華款的腕錶，機芯擺輪會使用均時螺絲，來微調擺輪的振盪頻率，藉此調節走時。這種螺絲通常比擺輪的其他螺絲來得長，閃閃發光很吸引目光。也有不少錶迷表示想要看著機芯運轉、聽著腕錶的心跳聲，因此也有越來越多錶款，直接在錶盤開一個小窗，讓配戴者可以看見內部機芯的設計。

若只是討論腕錶的設計與造型，那只能算是門外漢。真正的愛錶玩家，是連機芯的所有小細節都會深入鑑賞，且深深著迷。

8

Cal.1234？
手錶規格怎麼看？

在選購汽車時，一定會有標示車體尺寸、引擎排氣量等資訊的規格表。其實腕錶也有所謂的規格標示，尤其在專門雜誌或網頁介紹時，一定都會看到。若能正確解讀，我們就能明白隱藏在圖片之中、專屬於該錶款的個性及特色。

1. 自動上鍊（Cal. 1234）。

2. 動力儲存 72 小時。

3. 每小時振動 28,800 次。

4. 寶石數 21 顆。

5. SS 精鋼錶殼。

6. 錶殼直徑 40 毫米。

7. 錶殼厚度 11.1 毫米。

8. 防水性能 5 巴。

以下是關於上述規格標示的說明：

1. 機芯的驅動方式。自動上鍊，是指腕錶裡的自動盤，會依著配戴者手臂的擺動而旋轉，如此就能拴緊發條、產生動能，讓機芯零件運作。若是有經常配戴腕錶的習慣，日常擺動就足以旋緊發條，腕錶也就不太會停止不動。

手動上鍊，顧名思義，就是需要自己親手旋緊發條。石英機芯則是利用電池的電力來運作，需要定期汰換電池，而太陽能電池的話，就不需要汰換。另外 **Cal. 代表機芯的規格與型號**，有些特別厲害的機芯，會被冠上傳奇機芯的美名；在介紹錶款時，會明確寫出「搭載機芯為 Cal. XXXX」，則表示此款機芯乃原廠自製，是亮點也是賣點。換句話說，**若錶款使用的是通用機芯，就不會特地寫出來**。

2. 動力儲存。指的是當發條完全旋緊之後，可以連續驅動的時間。目前動力儲存時間達 60 小時以上堪稱主流。能達到 3 天（72 小時）以上的話，表示該錶款的續航力相當優秀。

3. 振動數。腕錶的心臟，也就是機芯擺輪每 1 小時的振動次數。振動次數越高，代表越耐得住來自外部的衝擊。近年的主流為每小時振動數 28,800 次，每小時振動數達到 36,000 次的錶款，已經算是高振頻機芯，目前也有越來越多的趨勢。古董錶及正裝錶的振動數，大約是每小時 18,000 次，也就是低振頻機芯居多。擺輪運轉時的滴答滴答聲，聽起來就像腕錶的心跳，將腕錶靠近耳朵，便能感受不可思議的療癒力。

4. 寶石數。也就是人工紅寶石的顆數。一般手動上鍊機芯，平均約會嵌入 17 顆寶石，自動上鍊機芯則大約 25 顆。這些人工紅寶石作為寶石軸承，嵌入的位置，都是齒輪與輪軸這類可動零件的接合處，主要功能為減輕摩擦。通常**鑲嵌的寶石顆數越多，代表這個機芯構造越複雜**。

5. 錶殼素材。通常會以材質種類的縮寫簡稱來標示，例如：SS 代表精鋼，Ti 代表鈦，PG 代表粉金等。其他還有 YG 代表黃 K 金、RG 代表玫瑰金、WG 代表白 K 金、PT 代表鉑金等。

6. 錶殼直徑。指的是腕錶外型的尺寸大小，不包含錶冠。一般多以 4 點鐘～10 點鐘之間的長度為直徑來測量。正裝錶大約是 38 毫米左右，運動錶款則大都 40 毫米左右居多；超過 45 毫米的錶款，對於某些特別講究奢華感的人來說，反而會覺得整體不太平衡。

7. 錶殼厚度。從擋風玻璃錶鏡的頂端，至錶殼背蓋的底部來測量厚度，手動上鍊錶款的厚度，大約是 10 毫米；自動上鍊錶款厚度，大約是 12 毫米，計時碼錶及潛水錶款，則大約 14 毫米左右，此為平均數值。腕錶的厚度越薄，戴在手腕上的觸感越好，也比較不會卡在袖口。厚度低於平均值的薄款腕錶，也因此有其價值。

8. 防水。能承受多少水量（水深）。防水數值指標也是有嚴格的規範，一般以 JIS 日本國家標準防水等級，或 ISO 的標準規格為依據。防水性能 2 巴，意指洗臉、淋雨這樣的程度，並不會造成腕錶損壞；防水性能 5 巴，則是日常生活強化防水，大約可

以從事普通的水上活動；防水性能 10 巴、20 巴，則代表可以深度潛水。另外，「○○公尺防水」這樣的標示，代表該錶經過嚴謹測試，原本只有潛水錶款才比較常見，但不少海外品牌對於巴及公尺的標示區分並不嚴謹，建議還是需要注意。

手錶承受水量

單位：巴	代表防水程度
2 巴	可洗臉、淋雨
5 巴	可從事普通水上活動
10、20 巴	可深度潛水

　　回到前述列舉的範例，那一串規格標示的意思就是：本錶款搭載了原廠自製機芯 Cal. 1234，為長時間動力儲存裝置，錶殼直徑為常見標準值。雖然是自動上鍊腕錶，但錶殼為輕薄型，適合搭配正裝。防水性能 5 巴，適合日常使用。

　　腕錶的規格表，乍看之下都是一堆數字及字母，但看懂了其中代表的意義之後，就像暗號解密般，解開隱藏在腕錶之中的祕密。

第五章

製錶業界的
最新技術

不管是多麼精心製作的腕錶，難免會因為外部的衝擊、
水氣、磁氣、重力等因素影響，產生走時誤差。接下來
就讓我來介紹，各家廠牌為了防止故障所做出的種種努
力，與研發的最新技術。

1

時間越來越不準，
有可能是你天天玩手機

　　當腕錶失常、故障時，通常會先送回購買店鋪，再由店鋪送
至維修中心，並交給鐘錶師傅檢查故障原因後修理。最常見的故
障原因，九成以上都是因為水氣。然而近年來，磁氣已經凌駕於
水氣之上，變成現代腕錶常見問題的第一名。

　　機械式機芯的組成零件，幾乎都是使用含有鐵的金屬製作而
成，尤其與精準度密切相關的游絲，更是極度害怕磁氣。當腕錶
靠近散發強力磁氣的東西或場所時，強力磁氣一瞬間就能摧毀游
絲，機芯走時的精準度也會因此大幅下降。

　　回顧機械式機芯的發展歷史，為何在過去，磁氣所造成的影
響，沒有像現在這麼嚴重？主要原因是現代人的生活脫離不了智
慧型手機、平板電腦、筆記型電腦等數位機器，甚至有些智慧型
手機的保護套，材質含有強力磁氣，有些女性手提包的裝飾零
件，也會使用含有磁力的金屬，標榜健康用途的磁氣項圈，也具
有相當大的磁力。日常生活中有很多東西都使用了磁石（或是含

有磁力的金屬），不知不覺中，我們的腕錶就這樣被磁氣大軍給包圍。

　　由維修中心消磁之後，機芯就能恢復正常，腕錶也能繼續使用。但是若一直反覆受到磁氣影響、機芯一直壞了又好、好了又壞，最後還是會無法修理，到了那時候，唯一的方法就是更換新的零件。因此，各家品牌為了提高自家腕錶的抗磁性，一直不停的努力研究。

　　比較傳統的做法是軟鐵包覆。這是指在腕錶的機芯和錶盤之間，加入由抗磁性的軟鐵所製成的內殼，有了這層保護，機芯就不再輕易受到外部磁氣干擾。這項技術一直到 20 世紀中期，航空錶款也都還有繼續採用，缺點就是，錶殼會因此變得比較厚重，而日曆窗設計，還是有可能讓磁氣趁隙而入，因此不得不刪除這項設計。

　　這場對抗磁氣的戰爭，就進入了下一個階段。各家大廠開始研發使用更高抗磁的素材來製作游絲。勞力士的 Parachrom、精工的 SPRON610，都是經典又有力的高抗磁游絲，當然，旗下錶款也幾乎都採用了這些高抗磁游絲。相較過去的軟鐵包覆游絲，高抗磁游絲，擁有比過去高出數倍的抗磁性，讓腕錶可以更有效、更全面的抵擋磁氣。但這也不是最萬無一失的抗磁辦法，還是要靠配戴者多小心點。

　　在抗磁大戰中取得決定性關鍵的名錶品牌，就是歐米茄。歐米茄採用矽等非鐵磁性素材，來製作游絲及其他機芯零件，終於實現了 15,000 高斯（Gauss，表示磁場強度的單位）防磁，也是

歐米茄

海馬 300 系列：機芯的所有零件，都使用非磁性素材製成，擁有 15,000 高斯防磁能力。從背蓋鏤空的部分，可以鑑賞機芯運作的美景。整體設計雖然是復刻 1957 年的版本，但內裝可是最先進的技術結晶。

自動上鍊（Cal. 8400）、精鋼錶殼、直徑 41 毫米、防水性能 30 巴。

價格：約新臺幣 202,000 元

目前官方認證的檢測數值上限。

　　15,000 高斯，其實跟醫療設備磁振造影（MRI）所發出的磁力同等級，換句話說，能夠達到如此高階的防磁能力，日常生活中，就不用再擔心被磁氣侵襲；背蓋鏤空設計、日曆窗設計也不再是問題。為了能適用於各種不同功能的錶款，歐米茄持續努力鑽研防磁技術，說是傾盡品牌最大的力量也不誇張，目的就是為了開發出可適用各種錶款的防磁機芯。

　　身處數位時代的現代人，磁氣環境儼然已成了無法避免的難題，但歐米茄的驚人成就，將帶領業界的防磁技術，邁向嶄新的世代。

2

越纖細的機械，
越要能承受衝擊

　　隨著時代的演變，錶的體積越變越小。然而不是每一個人，都能小心翼翼的善待腕錶。例如，懷錶儘管有外殼保護，但還是會有不少人，不慎讓懷錶掉到地上摔壞。前面說到，機芯是由許多細微複雜的零件組成，當中最脆弱、最容易損壞的零件，就是擺輪軸芯。

　　擺輪軸芯即為支撐擺輪的軸芯，它是一根如毛髮般纖細的金屬棒，稍微受到外力衝擊就會斷裂。為了保護脆弱卻關鍵的擺輪軸芯，有一位製錶名匠於 1790 年，發明了世界第一個擺輪避震器，他就是本書一再提及的大師──亞伯拉罕－路易·寶璣。

　　寶璣在製錶史上，有著天才製錶師的美譽，後人更稱讚他是讓腕錶的歷史，前進了兩個世紀的重要推手。他所發明的擺輪避震裝置，就是降落傘（Parachute）避震器。主要原理，就是將寶石軸承底座與擺輪夾板分離，並固定在一個 C 字型的長型簧片上，每當遭受外力衝擊時，寶石軸承底座就會在短時間內產生位

移，由簧片吸收衝擊力道，並利用簧片的彈性，將軸承底座導回原位，以減低擺輪軸芯損壞率。

據說寶璣當年，曾在顧客面前故意將搭載了這個避震器的懷錶摔到地上，然後一邊在顧客面前檢查一邊說：「看吧，懷錶沒有摔壞喔。」他的這套表演，宣傳效果非凡，也證明了他的避震器真的有用。後代製錶師們亦以降落傘避震器為基礎、再進行研究與改良。著名的因加百錄（Incabloc）避震器，及 Kif 避震器也由此而生。經過漫長的努力與進化，纖細的擺輪軸芯得到越來越強的保護，讓人們戴著腕錶到處走，也不用擔心摔壞。

現在的腕錶雖然有搭載防震、耐衝擊的裝置，但還是要小心撞到牆壁或桌角，也要小心錶帶脫落。尤其運動錶，更怕運動造成的激烈衝擊，因此耐衝擊裝置的進步更是突飛猛進。

目前在腕錶界，波爾錶幾乎已經成為強悍錶款的代名詞，波爾錶有何厲害之處？從他們三項專利註冊的革命性發明就可得知。首先是錶冠保護系統，可確保最脆弱的錶冠得到保護，從而令腕錶擁有卓越的防水及防震性能。

一般手錶經撞擊後，功能失靈時，其原因既非錶殼裂痕，亦非水晶玻璃破裂，而是錶冠滲水或損壞。事實上，**錶冠（特別是非旋入式錶冠）是整枚手錶最脆弱的一環**；第二項專利，就是為了確保機芯運作準確，而研發的 SpringLock® 抗震保護系統，這項裝置能有效減低腕錶受外來撞擊時的影響，確保走時準確；第三項專利，為 Amortiser® 防震裝置，這項裝置中的防磁保護環將包裹著機芯，降低機芯在側方向撞擊時所受到的震盪，可說是全

像一個霸氣鬥鬥的零件，就
是波爾錶的錶冠保護殼，也
是專利註冊的錶冠保護裝
飾，徹底守護腕錶的弱點。

波爾錶

工程師碳氫系列（Engineer Hydrocarbon Original）：錶冠保護系
統、游絲鎖、微調器等，多項強悍構造功能一應俱全，通過 7,500Gs
撞擊測試（也是目前最高等級的撞擊測試數字）。另配有自體發光微
型氣燈，在暗處或夜間，也能讓配戴者輕易的辨識。

自動上鍊、精鋼錶殼、直徑 40 毫米、防水性能 20 巴。
價格：約新臺幣 93,800 元

方位守護精細的機芯零件。

　　除了這三項專利，波爾錶還擁有其他驚豔業界的腕錶防護技術，這也是波爾錶在錶迷眼中留下強悍硬漢印象的原因。

　　現代的腕錶不只能當成首飾，更是展現生活風格的品項之一。參與體育活動時，當然也會期望配戴防摔、防撞、耐震又耐操，同時還能展現自身品味的機械式腕錶，這大概也是現代人才會有的奢侈願望吧。

3

潛水腕錶的防水性能，
遠超過人類的極限

機芯的零件幾乎都是用鐵金屬製成，生鏽成了無可避免的問題。一般情況下的故障，鐘錶師傅大都能修繕，但遇到零件生鏽，師傅們也只能舉手投降。也因如此，防水成了各家品牌致力研究的項目，唯有讓錶殼盡可能滴水不侵，才能防止機芯生鏽。

基本的防水構造，是使用合成橡膠製成防水膠圈，再將防水膠圈置入零件與零件之間的縫隙，藉此來防止受潮。一般腕錶的錶冠、背蓋、錶鏡等外部零件，與內部零件的接合處，其實都有使用防水膠圈，卻仍舊無法抵擋潛入水中（或是泡水）時，大量入侵的水氣及強力水壓。

為了強化旋入式錶冠及背蓋的氣密性、避免防水膠圈輕易被水氣擊潰，提高防水性能，也是各家品牌追求的目標之一。當中又以勞力士的表現最為傑出。

1926 年，**勞力士以潛水艇的艙門為靈感，發明了將外圈、底蓋和上鏈錶冠牢牢旋緊於中層錶殼的蠔式錶殼**，因為它就像生

蠔的外殼一般堅固密實，故以此命名。

勞力士蠔式錶殼，可確保錶殼嚴絲合縫，形成密封保護，免受外部水氣及其他有害因素的侵襲。此發明堪稱是製錶業史上的一大突破，也是勞力士最具代表性的經典設計。而蠔式錶殼的設計原理，至今也成為腕錶防水構造的基本架構。

那麼，現今的防水技術，進化到了什麼地步？目前金氏世界紀錄的人類水肺潛水，最深的深度是 332.35 公尺，以人類的肉身無法再潛至更深。專業潛水士專用的潛水錶，所要求的防水深度要達到 300 公尺，更高階一點，則要達到 600 公尺。我想這應該就是專業潛水所需要的防水門檻吧。

事實上，潛水腕錶的防水性能，遠超過人類的極限。

德國的特殊製錶品牌辛恩，旗下錶款 UX 系列，錶殼內部灌入液態矽，稱作 HYDRO 技術，讓機芯與指針都活動在這特殊液態矽之中，防水深度超過 5,000 公尺，測試達 12,000 公尺！防水性能之強，令人驚異。

搭載了 HYDRO 液態矽技術的 UX，錶殼直徑 44 毫米、厚度 13.3 毫米，不算特別大，然而其擁有的防水實力強大又堅固，可以安心潛水。除了 HYDRO 之外，辛恩還擁有其他驚人的進步科技，例如，在錶殼內置入內含特殊乾燥劑的微型膠囊，如此就能吸收錶殼內部的溼氣，稱作 Ar 機芯防潮系統。辛恩非常講究防水性能，也不斷精益求精。

水永遠是手錶最大的宿敵，因此才更要追求更好的防水性能、不斷進化。

辛恩

UX：錶殼內部灌入液態矽，稱作 HYDRO 技術，這項嶄新的防水技術，讓這款腕錶的防水深度超過 5,000 公尺，並通過歐洲航海工程領導公司 DNV GL 驗證，擁有相當優異的防水性能。

石英機芯、錶殼採用德國 U 級潛艇軍事用不銹鋼材、直徑 44 毫米、防水性能 5,000 公尺。

價格：約新臺幣 106,887 元

4

恆久而美麗，
你可以選擇香奈兒 J12

一般來說，腕錶很難完全避免撞到牆壁或桌角，使用的時間越長，錶殼難免多少會受損。

耐操型的運動腕錶，少許損傷，還有可能被視為一種性格，但看到自己喜愛的腕錶一天一天增加歲月的痕跡，難免還是會很傷心。對品牌來說，當然也很希望自家的產品能永保完美無瑕，因此有越來越多的錶款，開始標榜耐磨損、抗腐蝕。

1990 年，瑞士雷達錶（RADO）首次引進，以氧化鋯為主原料的高抗磨陶瓷為製錶素材。高抗磨陶瓷的維氏硬度（按：表示材料硬度的一種標準）試驗數值為 HV1500，硬度是精鋼的 7 倍以上，非常不容易受損。

高抗磨陶瓷一直因其超高實用性受到矚目，而 2000 年，香奈兒（CHANEL）推出的 J12 系列，大大顛覆了業界常識。時任香奈兒藝術總監的傑克・海盧（Jacques Helleu），選擇了不易氧化、不易變色、不易受損傷的高抗磨陶瓷，作為製錶素材，希望

創造出超越時代、經典不滅的頂級珠寶腕錶，高抗磨陶瓷的特性完全符合他的理想。除了錶殼經過高溫淬鍊，連錶鏈及蝴蝶扣都同樣使用高抗磨陶瓷，整體輕盈絲滑、質感出眾。J12 錶款的華美姿態恆久流傳，不只暢銷全世界，更可說是 21 世紀代表性的經典腕錶之一。

　　香奈兒 J12 錶款的成功，讓高抗磨陶瓷的形象定位，從此與奢華珠寶腕錶綁定。愛彼的皇家橡樹系列、芝柏的 LAUREATO 桂冠系列、宇舶的 Big Bang 系列等，都是運用了高抗磨陶瓷的頂級奢華錶款。

　　高抗磨陶瓷也可以著色，除了基本款的黑與白，藍色、綠色、紅色、棕色，甚至金屬色系也沒問題。金屬色系的陶瓷錶殼，與真正的金屬錶殼閃耀著不一樣的光輝與色澤，能展現出更多元的設計風格。

　　其他製錶素材也有方法可以提高耐磨度。較常見的錶殼加工方式，是在素材上面加上一層強化表膜，也就是電鍍。當中最具代表的就是 DLC 鍍膜技術。DLC 為 Diamond Like Carbon 的簡稱，意指「似鑽石般光亮的炭」，是一種主要由碳和氫構成之非晶質的碳硬質膜。

　　DLC 膜非常堅硬，耐磨性極佳，經過 DLC 表面處理後，物體表面即具有近似鑽石般的硬度，可以大大提高各種材料的表面硬度，藉此加強錶殼的保護力。同時，DLC 的化學特性安定且耐腐蝕，因此被視為一門工業技術，多用在汽車的凸輪軸、離合器，以及工業裁切工具等，容易發生強力摩擦的零件電鍍。而在

香奈兒

J12 PARADOXE：錶殼及錶鏈均使用黑白兩色的高抗磨陶瓷製成。錶殼的黑白不對稱設計，巧妙翻玩黑色與白色的對比與衝擊，展現設計者的巧思。

自動上鍊（Cal. 12.1）、高抗磨陶瓷錶殼、直徑 38 毫米、防水性能 5 巴。

價格：約新臺幣 287,000 元

製錶業，DLC 則應用在錶殼及錶鏈的電鍍加工。

經過 DLC 鍍膜的錶殼，會因為石墨成分，而呈現偏黑色，這恰巧與粗獷風格的運動腕錶、軍用腕錶很相配，也很適合飛行員腕錶。J12 讓黑色錶款，成功晉身奢華珠寶錶的一員，而緊接在後崛起的是不易受損的黑色腕錶。

包括運動腕錶在內，所有腕錶都追求不易損傷，畢竟不論品牌或配戴者，都希望能長久保持腕錶的美麗與光輝。那麼，講究作工華麗細緻的正裝錶，是否也有相應的強化抗磨損技術？

星辰所擁有的獨門 Duratect 表面硬化技術，是累積了 20 年來的技術革新之結晶。例如，在真空裝置中，將金屬離子化的離子電鍍技術（Ion Plating，簡稱 IP）；在真空裝置中，將原料物質中的氣體等離子化，進而起化學反應的低溫等離子體技術；以及氣體硬化與複合塗層，Duratect 可說是綜合上述技術的精華。Duratect 還可實現不同程度的硬度（最高可達相當於一般精鋼的硬度 5 倍以上）；也能進行金屬著色，經過 Duratect 處理的精鋼或金屬，散發出相當美麗的光澤，同時非常耐用、不易生鏽或損傷，能常保猶如新錶般的亮麗光澤。

好不容易才入手的心愛腕錶，肯定會想每天配戴。但每天戴，就很難避免碰撞。多虧製錶業不停追求進步與研發，製錶素材及表面加工技術的進步，讓錶迷再無後顧之憂，腕錶也能美麗如新。

5

機械錶的續航力，
從 3 天到 50 天

在日本泡沫經濟時期，有一則營養飲料的廣告非常火紅，它的廣告臺詞是：「你能夠奮戰 24 小時嗎？」

時至今日，這樣的廣告詞，應該不符合現在的社會民情。據說，當時這句廣告詞，並不是要強調「要工作 24 小時！」而是想要傳達，不論在職場或私生活，都要好好養精蓄銳，讓自己的身體，更有活力的去享受 24 小時。但對比當年的人人拚經濟、拚工作的社會風氣，現代社會則是強調慢活、樂活的享受人生主義，那句廣告詞再怎麼經典，仍是不合時宜。

話題回到腕錶上，你一定會希望它能持續運作。電池式的石英機芯腕錶，其運作可以以年為單位，但是上鍊式的機械腕錶，全依靠發條的動力來讓齒輪運轉，如果不持續上鍊、發條無法轉動，腕錶也就會跟著停止不動。雖然重新上鍊就能讓發條運轉，但時間又得重新調。如果天天手動上鍊，代表每天都得重新調整時間，實在是一件麻煩事。更何況每調一次時間，就會動到纖細

的錶冠，一不小心，就有可能讓機芯跟著損壞，且太過頻繁轉動錶冠，螺絲也有可能因此鬆動，大幅提升水氣入侵的機率。這樣看來，經常調整時間只會有害而無益。

　　頻繁調校時間也會影響精準度。發條運轉時會產生扭力矩，扭力矩在一開始的時候最強，之後就會漸漸減弱。而扭力矩太弱的話，擺輪就會失去動力，走時的精準度也會隨之下降。想要維持良好的精準度，就要盡可能長時間讓發條運轉、穩定輸出扭力矩。換句話說，讓機械式機芯長時間運作，就可以維持腕錶的精準度，並省去調整時間的麻煩。

　　一般機械式機芯的連續驅動時間，大約是 42 小時。作為日用品來說，應該算足夠，但是在商務戰場打拚的上班族們，經常是星期五的夜晚下班回家後，就把腕錶卸下，週末假日不是不戴錶、要不就改戴休閒錶，等到星期一早上上班時，才會換回來。如此一來，就會希望卸下來的腕錶，在週末也能保持運轉。

　　近年來，腕錶續航力時間達到 3 天（72 小時），已經是基本配備。原本想延長續航時間的話，就得將發條做得大一點或長一點，但是腕錶的機芯尺寸必須能收進錶殼裡，因此使用了複數的發條盒、調整齒輪等零件的形狀、盡量追求輕量化等工夫，都是為了讓動力能更有效率的去驅動運轉。隱藏在錶殼中的每一個小細節都不放過、極為講究的長時動力儲存裝置，說穿了其實就是腕錶的節能省力裝置。

　　事實上，真的有一款腕錶，完全是以讓指針長時間運作為目的，它以非常奇特的姿態出現在錶壇。

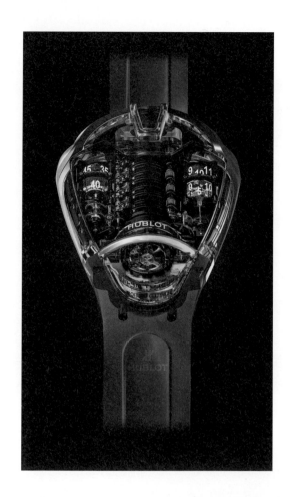

宇舶

MP-05 LaFerrari Sapphire：特殊構造的機芯，是以法拉利的超級跑車 LaFerrari 的引擎為發想概念，非常引人注目。錶殼為藍寶石水晶玻璃，無論從哪個角度欣賞，都絕美無比。全世界限量 20 只。

手動上鍊（Cal. HUB9005.H1.PN.1）、藍寶石水晶玻璃錶殼、錶徑 45.8×39.5 毫米、防水性能 3 巴。

價格：約新臺幣 17,500,000 元

宇舶的 MP-05 LaFerrari，錶面的正中央竟然有 11 個發條盒，實在是驚人又搶眼的設計。動力儲存時間長達 50 天（1,200小時），簡直可以說是超級長時動力儲存裝置。宇舶還特別為LaFerrari 製作，以賽車用氣動扳手為概念製成的特殊工具——電動上鍊槍，用來上鍊及調整時間，讓手動上鍊更輕鬆。

江詩丹頓，創立超過百年的超級資深品牌，在提高長時動力儲存裝置的實用性方面，有著不一樣的新思維。

對於擁有萬年曆腕錶的錶主來說，在腕錶耗盡動力後，重新調校時間是一件相當麻煩的事；**江詩丹頓的 TRADITIONNELLE TWIN BEAT 萬年曆錶款**，以前所未見的創新設計，解決了這項難題。

江詩丹頓在這款腕錶上，**搭載了兩組擒縱裝置**，其中一組為日常使用的高振頻擒縱器（振頻為每小時 36,000 次），讓腕錶保持正確走時；而遇到休假或是長時間不配戴腕錶的休眠期時，就換成另外一組超低振頻擒縱器，只用最低限度的扭力矩來進行切換，如此就能讓這款萬年曆腕錶的動力儲存，延伸至 65天！儘管因為切換振頻，難免還是會讓走時的精準度下降，但其誤差已經非常微小（不會超過一天，因此萬年曆的日期也不會失準）。當腕錶從休眠中醒來，在使用前調一下時間即可。

將有限的動力，以更有效率的方式來驅動腕錶，並且讓機芯持續且穩定的產生扭力矩，這就是各家品牌及製錶師不停追求的目標。

6

可替換式錶帶，
適合喜新厭舊的你

　　人類是會隨著時間而成長的生物，就連興趣及喜好，也會隨之改變。例如，曾經著迷過的長相或身材，卻在不知不覺中變得毫無興趣；又或者是對方臉上歲月的痕跡不再吸引你；甚至也有可能是你身心老化，導致你拿對方沒辦法而萌生退意。就連曾經珍愛的腕錶，你總有一天也會離它而去……其實說穿了，就只是膩了。

　　常言道，「機械腕錶能相伴一生」。確實，腕錶若有定期送回原廠檢修，做好整套維護的話，不管是相伴一生，還是要當成傳家寶傳承下去，都有可能辦到。但也要你一生只愛這一只。

　　最近的腕錶越來越時尚，錶盤配色，始終會受到當代的流行因素影響。年輕時喜歡強調存在感與個性的厚重錶殼，但隨著年齡增長，反而嫌太重而不戴；萬一有老花眼，花樣太複雜的設計，讓人看不清時間，原本的加分項都變成扣分項。雖說腕錶是一輩子的朋友，但又有多少腕錶，真的能陪伴錶主一生一世？

正因為如此，各家名錶品牌從來沒有忘記，為了要能長久博得消費者的喜愛，就必須費盡心思與工夫才行。使用不易受損的素材，以求常保腕錶的美麗姿態，就是其中的一項工夫。

近年來逐漸興起的趨勢是，可替換式錶帶和錶鏈。例如，江詩丹頓的 OVERSEAS 系列，便是以旅程為概念的奢華運動錶。金屬製錶鏈為標準規格，但江詩丹頓將其做成可替換式，並在消費者購買時，附上可自行簡單替換的專屬皮革錶帶，這就是它特別的地方。

對上班族來說，當**穿著輕便服裝，或是帥氣造型時，就適合搭配金屬錶鏈**；而換成**襯衫之類較正式的打扮時，皮革錶帶絕對會讓整體搭配更加分**；又例如週末約會或聚餐時，金屬錶鏈的微**奢華感會令人欣喜**；若是露營或烤肉大會，**輕量的橡膠錶帶跟牛仔褲最相配**。一只腕錶會隨著搭配不同材質的錶帶，而展現出截然不同的風情，如此才能成為長伴左右的人生好伴侶。

以往所有的製錶品牌，都把金屬錶鏈或皮革錶帶，視為成品的一部分，但是這世界上不可能有迎合所有時代潮流、流行喜好的唯一錶款。因此，可替換式錶帶，讓消費者可以依照自己獨特的審美或喜好，來幫自己的腕錶變身，絕對能加深錶主對腕錶的感情與喜愛。

腕錶最大的敵人，就是人類那容易喜新厭舊、變化無常的個性。腕錶的款式與設計也因此更加多樣、選擇更多元，也越來越盛行講究時尚、強調玩心的錶款。而從這廣大的茫茫錶海中好不容易脫穎而出、入了你的眼的錶，才是值得你鍾愛一生的錶。

江詩丹頓

OVERSEAS 兩地時間：設有雙時區並配合晝夜顯示，以及日期指針，可滿足旅行者日常生活中的不同需求。腕錶搭配 3 條可簡易替換的錶帶及錶扣，包括精鋼錶鏈、皮革錶帶和橡膠錶帶，配戴者可依照風格需求隨意替換。

自動上鍊（Cal. 5110 DT）、精鋼錶殼、直徑 41 毫米、防水性能 15 巴。

價格：約新臺幣 800,000 元

第六章

精選世界級品牌名錶，讓你只有價格障礙，沒有選擇障礙

有數萬元的休閒錶，也有數十萬元的奢華珠寶精品錶。但不管是休閒錶或奢華精品錶，每一只都有其獨一無二的風格與特性。

1

美國×德國×瑞士，
IWC SCHAFFHAUSEN 萬國

　　瑞士有 4 種官方語言：法語、德語、義大利語、羅曼什語。歷史上，當初從法國逃亡至瑞士的鐘錶匠在瑞士落腳以後，就投入了瑞士的製錶產業，也因為有這層歷史因素，在瑞士的鐘錶業界，以法語為強勢語言。而當中最揚眉吐氣的品牌就是萬國。萬國的創辦人，是來自美國的工程師暨製錶師佛羅倫汀・阿里奧斯托・瓊斯，他希望能用電力來驅動工作機械，製造近代化的科技腕錶。於是位在瑞士北部、可以利用萊茵河河畔的水電能源的城鎮——沙夫豪森就成了他新品牌的根據地。沙夫豪森因為地理位置的關係，深受德國文化影響，語言也是以德語為主。誕生於此的萬國除了擁有瑞士傳統經典的鐘錶氣質之外，也增添了幾分德國的文化色彩。

　　在這樣的背景下所誕生的萬國錶，也擁有獨一無二的專屬特色。堪稱是**萬國代表作的飛行員腕錶系列，及 IWC 葡萄牙系列，除了強調計時碼錶的實用性**，同時也強調俐落美觀的設計。

創業年｜1868 年
創業者｜佛羅倫汀・阿里奧斯托・瓊斯
創業地｜沙夫豪森（瑞士）

IWC 葡萄牙系列計時腕錶

1930 年代末，萬國為兩位葡萄牙商人訂製打造了一款，搭載高精準度懷錶機芯的大型腕錶，自此之後，這系列的腕錶也變成了萬國的代表款式之一。這系列的特徵為大尺寸的錶殼、較薄的錶圈，以及俐落的外型。自 2020 年之後，該系列錶款皆搭載使用萬國的自製機芯。

自動上鍊（Cal. 69355）、精鋼錶殼、直徑 41 毫米、防水性能 3 巴。

價格：約新臺幣 269,000 元

這種屬於德國風情的機能美，讓錶迷們都給予高度肯定。

　　萬國講究的是「錶，原本就是為了報時而存在」，因此在製作腕錶的時候，不只嚴格要求報時的準確度，許多添加的設計，也都以強調實用性為主。畢竟現代多數的腕錶設計越來越注重時尚感，在一片眼花撩亂的奢華設計錶款中，結合了瑞士與法國之美學的萬國錶，或許更加突顯了其獨特性。

2

明星和運動選手都愛 HUBLOT 宇舶

　　若要說到鐘錶業中最炙手可熱的品牌，宇舶肯定榜上有名。除了深受許多明星藝人及運動選手的喜愛，宇舶總是走在業界前端，非常勇於創新及挑戰。

　　宇舶創立於 1980 年。創業當時，宇舶號稱自己是最早使用貴金屬錶殼，搭配天然橡膠錶帶的品牌，嶄新的風格確實蔚為話題，之後卻一直苦無突破，也無法躍上第一線。但是，2005 年宇舶發表了 Big Bang 系列之後，獲得空前的成功與高評價，終於一躍成為頂端品牌。而這都要歸功於素有鐘錶界經營之神美名的吉恩－克勞德・比弗。

　　他的成功事蹟諸如：讓老牌寶珀再度復興、幫助歐米茄的業績再創高峰等。比弗接掌宇舶後，再次展現他不凡的實力，這讓宇舶從此不只是在頂端奢華名錶品牌占有一席之地，更是成長為有如明日之星一般的存在。

　　宇舶的主要戰略是融合的藝術（THE ART OF FUSION），

創業年｜1980 年

創業者｜卡羅・克羅科（Carlo Crocco）

創業地｜日內瓦（瑞士）

Big Bang INTEGRAL 一體式鏈帶鈦金腕錶

宇舶錶最著名的 Big Bang 系列首次搭載一體化金屬錶鍊，將整個鏈帶融入錶殼設計。重量輕的鈦金屬，搭配直徑 42 毫米的錶殼，戴在手腕上也更為舒適。

自動上鍊（Cal. HUB1280）、緞面拋光鈦金屬錶殼、直徑 42 毫米、防水性能 10 巴。

價格：約新臺幣 684,000 元

所有發想都以此為核心。無論是製錶材料或美學設計均貫徹此理念，進而從中創造出嶄新的腕錶價值。

諸如大膽運用色彩與製錶素材的多元搭配，創造出高端華麗的錶款；將頂級腕錶與足球結合，並且設計一連串新穎的行銷宣傳活動，成功吸引了不同消費層的支持者。宇舶就是這樣秉持著大膽創新與挑戰，屢屢創造話題，讓自己成為足以領航業界的先行者品牌。

另一方面，宇舶也投入巨額資金，致力開發機芯素材，跨足專業製錶領域。旗下機械錶的機械精細之美，與複雜工藝的水準也因此更加提升。不斷追求創新與成長的宇舶，未來還會有什麼驚人之舉，業界都在拭目以待。

3

呈現馬的躍動感，
HERMÈS 愛馬仕

以製造馬具的皮革工坊形象揚名全球的愛馬仕，其實早在 100 年前就已經開始販售腕錶。當時愛馬仕將自家精湛的皮革工藝運用在錶帶設計，也自行製造錶殼；機芯則是向外部的專業機芯廠訂購。

愛馬仕一直都很積極想要發展專業製錶事業，並於 2006 年透過收購股權，將專業機芯廠 Vaucher Manufacture 納入旗下關係企業，自此開始致力研發製作專屬的自製機芯。業界知名的實力派機芯創作工坊 AGENHOR，為愛馬仕獨家研發了專屬獨特功能模組，讓愛馬仕成為一個能獨立製造鐘錶，且擁有高度原創品質的品牌。

以皮革工藝起家的愛馬仕，對於錶款的設計美學也很有自己的個性。**許多愛馬仕錶款的設計，都可以看到關於馬的世界觀投射其中。**最具代表性的就是 Arceau 系列，那以馬蹬形狀為概念的上下不對稱錶耳；好像在跳舞般微微歪斜的阿拉伯數字，則是

創業年｜1837 年
創業者｜蒂埃里・愛馬仕（Thierry Hermès）
創業地｜巴黎（法國）

Arceau 系列

馬蹄形狀的不對稱錶耳與微微歪斜的阿拉伯數字，是這個錶款的特色。設計師亨利・多里尼（Henri d'Origny）於 1978 年設計 Arceau 系列腕錶之後，這款至今依然受到支持者的喜愛，也是愛馬仕的代表性經典錶款。

石英機芯、精鋼錶殼、直徑 40 毫米、防水性能 3 巴。
價格：約新臺幣 110,700 元

想呈現馬的步法及躍動感。

　　愛馬仕的月相錶除了充滿奇幻浪漫的氣質，同時也有獨特的魅力；它以獨特又精細的機械構造，華麗且精準的呈現時間，正是愛馬仕對於腕錶別具匠心的證明。

　　對於愛馬仕來說，時間是最親密的朋友，畢竟所有具備精湛工藝的職人，都必須經過時間的洗練才能成就不凡。時間從來就不是緊迫逼人的敵人，而是讓我們的人生更加豐富多彩的朋友。覺得自己總是被時間追著跑的上班族，在此推薦愛馬仕的腕錶。

4

第一只登月手錶，
OMEGA 歐米茄

　　在鐘錶業界，歐米茄可說是數一數二的超級頂尖品牌。它不只是高度精準計時器的名門經典，亦是奧林匹克運動會官方計時器的常駐指定品牌。

　　在歐米茄的歷史中，最知名的紀錄就是於 1969 年，在阿波羅 11 號登月任務時，成為首款登上月球的手錶；這項紀錄也讓歐米茄的月球錶，成了傳說等級的名錶。而在阿波羅計畫之後，至今再無其他國家登陸月球，因此**歐米茄的超霸系列專業登月錶，成了全世界唯一登陸過月球表面的機械錶款**，現今**美國的太空總署 NASA，依然指定歐米茄為官方計時配備專用品牌**。然而歐米茄並沒有停止造夢的浪漫與持續進化的可能，在不遠的未來，歐米茄期許能成為首款登陸火星的名錶品牌。

　　不過，歐米茄的厲害之處可不僅只於此，除了建立起太空錶、月球錶的口碑與地位，歐米茄在機械錶的核心擒縱裝置所投入的研究心力，更是有著驚人的成就。由發明家暨天才製錶師

創業年 ｜ 1848 年

創業者 ｜ 路易・勃蘭特（Louis Brandt）

創業地 ｜ 拉紹德封（瑞士）

Seamaster 海馬系列 AQUA TERRA 腕錶

AQUA TERRA 150 米系列，大師天文臺腕錶，搭載歐米茄 8900 大師天文臺認證機芯。防水深度 150 公尺，精鋼錶殼搭配精鋼錶鏈，風格簡約俐落，適用於各種場合。

自動上鍊（Cal. 8900）、精鋼錶殼、直徑 41 毫米、防水深度 150 公尺。

價格：約新臺幣 188,000 元

喬治・丹尼爾（George Daniels）所研發的同軸擒縱，堪稱是擒縱裝置的一大革新，不論是精準度、穩定性、延長保養週期等方面，都比傳統的擒縱裝置表現更加優秀。

另外，歐米茄與斯沃琪集團旗下的姊妹公司，合作開發出非磁性材質，採用此材質，創造出可抵抗超過 15,000 高斯的腕錶機芯；此項成就不只解決了機芯因磁力影響而造成精準度劣化的問題，更是成了歐米茄領航業界的實力指標。

歐米茄製作的錶款不只是為了迎合少數的名錶收藏家，更希望普羅大眾都能愛用，因此，製作方便又實用的機械錶，一直是歐米茄的宗旨。若你追隨歐米茄的腳步，相信你必能見證腕錶的進化歷程與驚奇。歐米茄將持續開創新世代腕錶的無限可能。

5

想要平價又有品質，
就選 ORIS 豪利時

　　由於原料費用及人事費用等成本持續高漲，再加上通膨及匯率，瑞士的手錶價格逐年上升。除了價格，製錶的技術及品質也是一再突破，例如，機芯的進化與使用嶄新素材等，錶與其售價都呈現越來越昂貴的趨勢，現今想要以 30 萬日圓以下的價格，購入一只品質優良的品牌錶，確實已非易事，我們甚至可以發現，較為平價的品牌錶正急速從市場中消失。在這樣的大環境下，**豪利時被稱為是瑞士鐘錶界的良心**，絕非空穴來風。

　　擁有百年歷史，堅守獨立資本，以專業生產機械腕錶享譽業界的豪利時，堅持以傳統的瑞士工藝製作優良的機械腕錶，但價格卻相對親民。豪利時腕錶合理平實的價格、精良出色的品質、經典又不失時尚感的設計美學（尤其這部分並不會直接反映在成本上），這些優點都成為豪利時腕錶的魅力所在。幾乎每一只豪利時腕錶都搭載了高精密機械機芯、自動上鍊紅色自動盤，完全呈顯出瑞士高超製錶技術的藝術美感，也是豪利時腕錶的代表性

創業年｜1904 年

創業者｜保羅‧卡廷（Paul Cattin）、
　　　　喬治‧克里斯蒂安（Georges Christian）

創業地｜赫爾斯泰因（瑞士）

BIG CROWN 指針式日期錶

與一般以日曆窗口顯示日期的設計不同，指針式日期又稱「Pointer Calendar」，就是以指針來指示日期。經典的大錶冠設計，是為了讓飛行員即便戴著飛行員手套也能方便操作。是款充滿了歷史象徵的飛行員腕錶。

自動上鍊、精鋼錶殼、直徑 40 毫米、防水性能 5 巴。

價格：約新臺幣 49,000 元

象徵。

　　不論是摩登的賽車運動系列錶、經典的潛水錶，或者是講究時尚品味的文化系列錶，豪利時的錶款多元，非常推薦給想要接觸正統瑞士錶的錶迷當成入門品牌。

　　近年環保意識持續抬頭，豪利時也與環保團體共同合作，致力於環境復興與保護，更加落實了豪利時一貫的品牌價值：符合職業道德（Ethical）。

　　身為瑞士經典製錶名門品牌之一，豪利時擁有合理的價格、正統派精良的技術、永續環保經營的精神。當你想要購入正宗瑞士錶的時候，誠摯推薦豪利時。

6

擁有 90 年經驗，
你必須認識的經典品牌
Carl F. Bucherer 寶齊萊

　　多數名錶品牌的誕生史，幾乎都是獨立製錶師在名不見經傳的小工坊起步，歷經風霜與努力之後，才成長茁壯，蛻變成知名大品牌；但是寶齊萊（Carl F. Bucherer）的名錶品牌之路，可說是非常獨樹一幟。

　　1888 年，創辦人卡爾‧弗里德里希‧寶齊萊（Carl F. Bucherer）在瑞士的觀光勝地琉森（Lucerne）開設了他的第一家鐘錶珠寶店「寶嘉爾」（BUCHERER）。卡爾的眼光精準，本身也具備豐富的製錶知識，在他的領導之下，寶嘉爾迅速成長茁壯，成為歐洲最著名的高級鐘錶銷售通路，同時是勞力士的全球最大經銷商，而這也源自於寶齊萊家族與勞力士創始人之間的深厚關係。

　　說起這淵源，是因為誕生在瑞士德語區琉森的寶嘉爾，與從倫敦發祥的勞力士，兩者原本都打不進法語區日內瓦的鐘錶銷售

創業年｜1888 年

創業者｜卡爾・弗里德里希・寶齊萊

創業地｜琉森（瑞士）

馬利龍飛返計時碼錶（Manero Flyback）

腕錶配備的飛返計時功能，佩戴者只需要輕按計時按鈕，便可瞬間重啟計時程序。融合復古氣息與時尚元素，強調高質感的設計，是每位都會精英在商務世界的腕上良伴。

自動上鍊（Cal. CFB1970）、精鋼錶殼、直徑 43 毫米、防水性能 3 巴。

價格：約新臺幣 179,574 元

通路，但雙方都想拓展生意領域，於是攜手合作，經過一點一滴的努力與經營，雙方最後都成了足以影響全世界的國際名錶大牌。寶嘉爾作為世界知名的高級珠寶鐘錶店已是非常成功，但創辦人卡爾預見了鐘錶產業的未來變化，決定投入製錶事業，希冀建立起獨一無二的製錶體系。

為了區隔鐘錶店事業與製錶事業，獨立製錶品牌 Carl F. Bucherer 寶齊萊才因此誕生。也因為吸收了寶嘉爾的銷售技巧與服務經驗，寶齊萊錶被稱為是最能巧妙抓住消費者心理的腕錶。

寶齊萊作為獨立製錶的品牌，為了讓製錶事業獲得更好的發展，它透過商業收購、招兵買馬，將擁有製作複雜鐘錶工藝的工坊納入傘下，同時也致力於研發自製機芯。

寶齊萊於 2008 年推出了第一款自製機芯，獨步錶壇的周邊雙向自動盤、陶瓷滾珠軸承等創新裝置，堪稱新世代先進機芯的最佳典範。寶齊萊保留了傳統機械機芯的設計邏輯，同時加上創新的設計機能與未來可擴充模組的彈性，這讓寶齊萊晉升為瑞士頂級製錶品牌之列，也獲得名錶收藏家的支持與好評。

寶齊萊累積了近 90 年的製錶經驗，擁有深厚歷史底蘊，絕對是你必須認識的經典名錶品牌。

7

CASIO 卡西歐，
發明第一只電子自動錶

　　卡西歐原本是以生產計算機等電子產品為主要業務的公司，至 1974 年才投入鐘錶產業。卡西歐充分運用了自家企業的優秀研發能力，於 1974 年 10 月，發表了 CASIOTRON，這是世界第一只無須手動調整大小月或閏年的全自動電子錶。不過真正讓卡西歐聞名世界的錶款，是 1983 年問世的 G-SHOCK 系列錶。

　　G-SHOCK 號稱是世界第一款，以耐摔耐撞為核心概念所設計的電子自動錶，在發售日當天，幾乎所有販售通路的鐘錶店門前都大排長龍，並且以超優惠的價格進行促銷，引爆前所未見的大熱潮，這讓卡西歐的聲勢一路翻紅看漲。但是卡西歐並沒有因此迷失方向，反而更加冷靜的評估腕錶市場的走向。

　　卡西歐認為數位電子錶的市場其實很小，要想讓卡西歐錶真正成為名錶品牌之一，就必須挑戰正統派的指針式腕錶及貴金屬錶殼，唯有製作出正統經典的腕錶，才能在名錶市場占有一席之地。於是，2004 年誕生的卡西歐海神（CASIO OCEANUS），

創業年 │ 1957 年
創業者 │ 樫尾忠雄
創業地 │ 東京（日本）

OCEANUS CACHALOT OCW-P2000-1AJF

搭載了可與智慧型手機連結的藍芽無線連結、世界 6 局電波接收等優異功能。錶殼厚度為標準厚度 15.9 毫米，但防水性能卻是 ISO 規格 200 公尺潛水防水級別，作為潛水錶也毋庸置疑。

石英機芯（太陽能電力）、鈦金屬錶殼、直徑 48.5 毫米、ISO 規格 200 公尺潛水防水。

價格：約新臺幣 58,451 元

就肩負此重責大任。

　　海神錶以輕薄金屬錶殼及簡約風格的設計作為主力武器，並搭上爵士浪潮，規畫了一系列的行銷活動，例如，邀請音樂家成為贊助商或代言人，卡西歐海神錶成功打造出新世代成熟都會精英的品牌形象。

　　以計算機事業起家的卡西歐，其腕錶的機能性也是非常優秀。講求高度精密結構的電波接收、GPS 衛星訊號接收、與智慧型手機連結等，卡西歐在技術層面與時俱進，絲毫不落人後。另一方面，**卡西歐也將日本傳統的江戶切子技藝**（按：在玻璃表面進行純手工雕刻）**融入錶款設計，展現專屬於卡西歐錶的個性**。不只是追求實用機能，也加入相當趣味的巧思，讓忙碌的上班族在配戴卡西歐錶時，也能細細品味個中樂趣。

8

紳士們必備收藏，
Cartier 卡地亞

　　卡地亞擁有「皇帝的珠寶商，珠寶商的皇帝」的美譽，堪稱世界首屈一指的頂級珠寶商，它從 19 世紀中期就已經開始製作腕錶。

　　將華麗的珠寶與典雅的設計結合運用在腕錶上，不只獲得各界好評，也得到許多王室貴族的支持與喜愛。如此頗負盛名的名門珠寶商，旗下的製錶產業，則是在創辦人的第 3 代──路易．卡地亞（Louis Cartier）接掌之後，才有了顯著的大躍進。將珠寶融入製錶設計之中，標榜紳士專用的實用機能錶 SANTOS 系列，一問世便引領風潮。之後 1906 年有 TORTUE 系列，1917 年則是 TANK 系列，而 1943 年誕生的 Pasha，則是卡地亞最著名的經典防水錶款。卡地亞在男錶市場屢屢締造佳績，其男性腕錶儼然成為當代紳士們的必備收藏。

　　卡地亞的魅力，絕對不僅只於華麗的珠寶工藝。過去長久以來，由伯爵及積家這兩家實力派製錶廠，供應卡地亞高品質的

創業年｜1847 年

創業者｜路易－法蘭梭・卡地亞（Louis-François Cartier）

創業地｜巴黎（法國）

Pasha de Cartier

自 1985 年初代 Pasha 問世以來，鑲嵌寶石的鍊型錶冠，是此系列的經典象徵，同時也是一款防水性能與華麗氣質兼具的防水腕錶，可更換金屬及皮革錶帶。

自動上鍊（Cal. 1847 MC）、精鋼錶殼、直徑 41 毫米、防水性能 10 巴。

價格：約新臺幣 216,000 元

高端機芯；但自 2000 年後，卡地亞在拉紹德封成立了自己的工坊，開始研發自製機芯，至今卡地亞已具備足夠實力，可自行設計、製作機芯，從簡單型的基本款機芯到超複雜結構的機械機芯，都能自行製作。

　　將卡地亞過去發表的經典錶款復刻，重新演繹傑作之美的 CARTIER PRIVÉ 系列，便是卡地亞展現其作為高級腕錶（High Horology）品牌的實力，不只復刻經典，更要展現複雜又精細的機械錶工藝之美。不論是在歷史、技術、設計等各方面，卡地亞堪稱是盡現王者風範的頂尖品牌。

9

訴說一段歷史故事的錶，
Glashütte Original
格拉蘇蒂原創

　　德國製錶產業的歷史，可追溯至 1845 年的格拉蘇蒂地區，原本是一個逐漸沒落的採礦小鎮，由創辦人費迪南德・阿道夫・朗格以一己之力，帶動當地製錶產業的興起，從此開創了當地在製錶時代的輝煌篇章。

　　格拉蘇蒂地區誕生許多優秀的製錶師，代代相傳的手工製錶技藝更是卓越精湛；然而經過第二次世界大戰的悲劇，讓格拉蘇蒂所有的製錶品牌，都被收歸國營企業格拉蘇蒂鐘錶企業（通稱 GUB）。由於隸屬國營，無法隨心所欲自由製錶，但在國營企業底下營運穩定，故還是能維持相當優良的品質及技術。

　　直到 1990 年柏林圍牆倒下、東西德統一，才讓原屬東德國營的 GUB 得以完全繼承 GUB 的資產，並轉型為民間經營的格拉蘇蒂鐘錶製造公司，同時也是唯一以地名作為品牌名稱，也就是格拉蘇蒂原創。

創業年｜1845 年（以格拉蘇蒂地區開始發展製錶產業為基準）

創業者｜費迪南德‧阿道夫‧朗格（以格拉蘇蒂地區開始發展製錶產業為基準）

創業地｜格拉蘇蒂（德國）

Sixties Panorama Date 1960 年代大日曆腕錶

以 1960 年代的懷舊氣質作為設計概念，完美融合創新的製錶技藝與典雅復古設計。位在 6 點鐘位置的大日曆標示，展現了端正又認真的個性。

自動上鍊（Cal. 39-47）、精鋼錶殼、直徑 42 毫米、防水性能 3 巴。

價格：約新臺幣 267,000 元

　　說到格拉蘇蒂原創的魅力，第一個當然就是那充滿復古風情的設計。尤其以 1960 ～ 1970 年代的經典復刻作為設計概念，再加上德國製錶品牌的特殊性，造就了與眾不同的歷史感，每一只手錶都像在訴說著一段歷史故事。

　　瑞士及日本也會製作以懷舊風格為主題的懷舊錶款，但都與格拉蘇蒂原創截然不同，格拉蘇蒂原創特別容易勾起心中鄉愁，復古的設計越看越有韻味，令人難以忘懷。

　　另外，價格也是它的魅力之一。搭載精湛工藝製作的自製機芯，使用品質扎實的精鋼錶殼，價格則力求合理與務實。其他諸如**雙排顯示的大日曆功能、扇形計算盤計時碼錶功能**等，再次展現了身為機械錶經典品牌所具備的高超技藝與高品質。傳承了德國製錶文化、歷久彌新的經典名錶品牌格拉蘇蒂原創，值得你細細品味它的價值與意義。

10

第一個揚名世界的日本名錶品牌，Grand Seiko 精工

為日本的製錶文化打開序幕的 Seiko 精工，一直都將瑞士的製錶產業當成競爭對手，並且也不停鑽研製錶技藝。除了建立起足以自製機芯的機芯廠，在腕錶設計、機芯品質、功能，及精準度等各方面，都講求精益求精，絲毫不鬆懈。當 Seiko 精工的表現越來越傑出、達到顛峰時期時，內部開始有團隊認為必須追求登峰造極，1960 年，Grand Seiko 精工就這麼誕生了。

機械式機芯、石英式機芯、以及融合了兩者系統的特殊機芯 Spring Drive，這 3 種機芯再加上 Grand Seiko 精工獨特的品牌個性，其製造的腕錶品質之高，讓國內外的鐘錶相關業者都給予非常高的評價。但是它並沒有就此滿足，為了成為揚名世界的頂級名錶品牌，它於 **2007 年發表獨立宣言**，表示將脫離 Seiko 精工，成為獨立的高價位頂級名錶品牌。就連品牌標誌也全部換新，**Grand Seiko 精工從此成為日本最頂級的高級名錶品牌**，寫下嶄新的歷史篇章。

創業年│1881 年

創業者│服部金太郎

創業地│東京（日本）

SBGA211

採用與機械腕錶相同的發條作為動力來源，配備媲美石英錶等級高精
準度的第三類機芯 Spring Drive。錶盤設計則以積雪表面為概念。

Spring Drive（Cal. 9R65）、白鈦材質錶殼、直徑 41 毫米、防水性
能 10 巴。

價格：約新臺幣 195,000 元

　　過去的 Grand Seiko 精工，將 Seiko 精工最具代表性的平面及稜線善加活用，再搭配精美的錶殼、容易辨識的指針、小指針，這些都是精工錶的特徵。但是成為獨立品牌之後，Grand Seiko 精工旗下的錶款越來越注重錶盤的裝飾及素材、薄型錶殼等，再度展現了求新求變的企圖心。

　　2020 年，Grand Seiko 精工進駐巴黎凡登廣場，開設了第一家品牌旗艦店，並且於全世界最大規模的設計展米蘭時裝週，展出最新設計錶款作品。它的揚名世界計畫仍是現在進行式。Grand Seiko 精工已經走出自己的路，世界級的知名品牌，當之無愧。

11

不想定期更換電池，
你適合 CITIZEN 星辰

星辰以「市民（Citizen）的手錶」為品牌理念，重視錶的實用機能，並也持續追求技術進化。

該品牌最具代表性的技術，就是**運用太陽能等所有可見光源發電，讓二次電池可以更穩定、有效率的轉化動能來驅動腕錶；**這項以光作為腕錶能源驅動的技術，也就是**星辰引以為傲的光動能（Eco-Drive）技術。**

運用光動能技術所製作的手錶，不再需要定期更換電池，此舉有效的減少了廢棄電池所造成的環境汙染，在環保方面獲得了相當好的評價；1996 年，星辰更成為鐘錶業界中，首位獲得日本生態標章（ECO-Mark）的名錶品牌。在標榜高度精確技術的電波對時腕錶方面，星辰也是這個領域中的領導者。1993 年，星辰於日本推出了世界第一款多局電波對時腕錶，它可以接收對應日本、希臘、德國的 GPS 衛星電波；2011 年，更率先發明了一種通過衛星對時的領先技術 Satellite Wave，這項技術讓星辰在

創業年｜1918 年
創業者｜山崎龜吉
創業地｜東京（日本）

THE CITIZEN AQ4060-50E

高精度、年差 ±5 秒、搭載石英機芯及光動能，不需要更換電池。經典端正的設計，持續受到錶迷的喜愛，永不退流行。

石英機芯（Cal. A060）、精鋼錶殼、直徑 39.4 毫米、防水性能 10 巴。

價格：約新臺幣 71,124 元

世界名錶品牌中，確立了擅用高度精準技術的領頭羊地位。

另外，在 1970 年，**星辰推出全球首款重量輕、防過敏、抗鏽蝕的鈦合金腕錶**，並且通過星辰專有的 Duratect 表面硬化技術，**創造出更堅固耐用的新型理想素材——超級鈦 TM**。CITIZEN 讓腕錶變得更加輕便實用。

THE CITIZEN 系列，則是品牌喜迎 25 週年，堪稱是經典高峰之作。搭載的石英機芯，其精準度之高，年差正負最多 5 秒；指針採細長型設計，就像是在強調品牌的高度精準實力。這是一款無可挑剔、名副其實的高級腕錶，將實用機能與時尚設計完美融合。

12

發明最接近恆動的時鐘，
Jaeger-LeCoultre 積家

　　積家的創辦人——安東尼‧勒考特（Antoine LeCoultre）於
1844 年，發明了全世界第一個可以測量到千分之一的微米儀。
這項發明大幅提升製作製錶零件的精準度，大工坊藉此得以製造
出更加高級精密的腕錶。而後積家全力投入機芯開發，及製錶事
業，由積家開發的機芯竟多達1,250多種，其中有 400 種以上的
機芯都有獲得專利。

　　當中最為有名的機芯，就是於 1929 年問世的 **Caliber 101**。
這款長度為 14 毫米、寬度 4.8 毫米，厚度僅 3.4 毫米的超迷你機
芯，同時也**是目前全世界最小機芯的紀錄保持者**。另外，積家也
發明了 ATMOS 空氣鐘，它可以從環境中微小的溫度，與大氣壓
力變化中獲取能量，無須手動上鏈，即可持續運行，是最接近恆
動的時鐘。積家的這些發明與成就，至今仍領先整個製錶業界。

　　積家的魅力不只有機芯。它於 1931 年推出的 Reverso 翻轉
腕錶，能抵抗馬球運動中的強烈撞擊，錶殼可在框架內旋轉，以

創業年 | 1833 年
創業者 | 安東尼・勒考特
創業地 | 汝拉山谷（瑞士）

積家 MASTER CONTROL 大師系列腕錶日期顯示

重新演繹了 1950 年代流行的經典圓形腕錶。端正經典的設計，搭配棕色小牛皮錶帶，簡約俐落的風格歷久彌新。

自動上鍊（Cal. 899AC）、精鋼錶殼、直徑 40 毫米、防水性能 5 巴。

價格：約新臺幣 224,000 元

保護腕錶鏡面。整體設計採裝飾藝術風格，至今仍廣受喜愛。

能擁有如此傑作，歸功於積家擁有自製機芯、錶殼等足以一條龍全部自製的高超實力。另外，積家製錶廠對於旗下全系列各型號的所有產品，都會進行名為 1,000 小時測試的內部認證作業，確保腕錶可維持至少 40 天以上的規律性、耐溫度變化和大氣壓力、對衝擊和磁場的堅固性，以及精密防水測試。

不論是機芯或設計，積家將腕錶的機能與美學，發揮到淋漓盡致，堪稱是足以代表瑞士的高級實力派名錶品牌，在製錶業界也受到許多人士的尊敬與推崇。說到瑞士的名錶品牌，你不可不認識積家。

13

CHANEL 香奈兒的
精湛工藝，禁得起時間考驗

　　以平紋針織素材、斜紋軟呢布料、香水等女性時尚單品揚名國際，總是在時尚圈掀起各種革命性話題的知名品牌香奈兒，由可可・香奈兒（CoCo Chanel）所創立、可說是全世界女性最為憧憬的時尚品牌，至今也持續受到眾人的愛戴。

　　香奈兒以女性時尚單品打響名號，旗下的系列商品，例如服飾、包包、香水等，幾乎都是專為女性打造，說是女人專屬的品牌也不誇張。對於男性而言，香奈兒的深厚歷史與文化價值，就像是個只可遠觀、不易親近的冰山美人。正是因為擁有這樣的淵源背景與品牌形象，於 2000 年登場的香奈兒腕錶 J12 系列，可說是非常貴重的錶款。

　　1987 年，香奈兒推出了第一款腕錶 Première，正式宣布跨足製錶產業；而在 2000 年所推出的第一款 J12 腕錶，不僅是一款運動型腕錶，其設計風格走中性路線，並且從一上架就包含了男錶的尺寸；而 J12 的設計師，正是時任香奈兒藝術總監的傑

創業年｜1910 年
創業者｜可可・香奈兒
創業地｜巴黎（法國）

J12

於 2000 年誕生的 J12 系列，透過設計師重新演繹，將其指標性經典元素全部完美保留，局部改造升級，於 2019 年重新上市。機芯改用自家開發生產的專屬機芯、也微幅調整商標位置。追求與時俱進、歷久彌新的香奈兒，在名錶的世界裡，將繼續掀起革命與進化的浪潮。

自動上鍊（Cal. 12.1）、黑色高抗磨陶瓷和精鋼錶殼、直徑 38 毫米、防水性能 20 巴。

價格：約新臺幣 227,000 元

克‧海盧（Jacques Helleu）。他將香奈兒的代表色——黑色與白色的元素，成功融入錶款設計，選用高抗磨陶瓷作為製錶素材，讓這款腕錶的精美設計與精湛工藝禁得起時間的考驗。

　　J12 自從問世至今，這二十多年以來，其設計發想的核心概念始終沒有改變，這在競爭激烈又瞬息萬變的製錶產業中，是非常難能可貴的事情。香奈兒對於素材及設計的講究，讓旗下的所有產品都能獨具一格、雋永經典。近年來香奈兒也透過企業併購，將機芯廠納入企業版圖，藉此大幅提高了自身的製錶實力；對於男性來說，香奈兒終於不再是女性專屬的品牌，香奈兒的男性腕錶系列也非常值得推薦。

14

製錶工藝加上高級珠寶，令女性喜愛的 Chopard 蕭邦

　　蕭邦（Chopard）作為世界三大影展之一的「坎城影展」的官方贊助合作廠商，也負責製作金棕櫚獎（Palme d'Or）的獎盃，在高級珠寶界中，可說是相當知名的頂級奢華品牌。

　　從歷史脈絡來看，1860 年，在瑞士松維利耶小鎮所成立的小小製錶工坊，那正是蕭邦的起源。蕭邦原本只是專注製作品質優良腕錶的資深老店，1963 年，由德國的珠寶商家族舍費爾（Scheufele）接手之後，經年累積淬鍊的蕭邦製錶工藝，結合舍費爾家族的金工珠寶工藝，製作出更加精美華麗的奢華腕錶。當中可稱為**蕭邦錶的經典代表作錶款 Happy Diamonds，其中置入了小巧的滑動鑽石，讓手中的鑽石能自由旋舞，宛如跳起曼妙芭蕾**。這系列錶款獲得許多女性的讚美與喜愛，也讓蕭邦的名聲更上一層。

　　1996 年，蕭邦成立了自己的機芯製作工廠，並以創業者路易－宇利斯・蕭帕爾（Louis-Ulysse Chopard）的姓名開頭字母來

創業年｜1860 年
創業者｜路易－宇利斯・蕭帕爾
創業地｜松維利耶（瑞士）

L.U.C XPS

搭載微型自動盤，及自動上鍊超薄機芯，此款腕錶厚度只有3.3毫米，
並且使用蕭邦自製的 Cal. L.U.C 96.50-L 機芯。整體輕薄不厚重，卻
有長達 58 小時的動力儲存。

自動上鍊（Cal. L.U.C96.50-L）、精鋼錶殼、直徑 40 毫米、防水性
能 3 巴。

價格：約新臺幣 67,000 元

為自製機芯命名，也就是「L.U.C」。這系列的機芯不只擁有高性能，作工更是出色精美，深受錶迷及收藏家的盛讚。

蕭邦在珠寶工藝、寶石精品錶、正統派腕錶等方面都獲得極高的評價。自 1988 年開始，蕭邦成為素有世上最美麗賽事美譽的「Mille Miglia 骨董車賽」的合作夥伴兼官方計時器供應商，並為此優雅美麗的賽事，打造同樣洋溢復古風情又展現精緻機械工藝的限定腕表。因此在骨董車愛好者的圈子中，蕭邦也擁有頗高的知名度。另外，舍費爾家族也有經營酒莊事業，生產及販售以「錶盤」（CADRAN）為名的葡萄酒。

15

全世界第一款男錶，
Girard-Perregaux 芝柏

芝柏是歷史悠久、擁有全自製實力的頂級製錶名門品牌，其
**代表作三金橋陀飛輪，機芯上橫置的三金橋設計，是它最經典的
特色**，這個早在 1860 年便出現在品牌懷錶上的獨特配置，憑藉
著獨樹一格的設計與精湛的工藝細節，1991 年推出了腕錶版的
三金橋陀飛輪，驚豔整個製錶業界。金橋系列喚起了過去曾經輝
煌的懷錶歷史，透過芝柏傳統精湛的工藝，完美以腕錶重現精密
機械之美，這也是底蘊深厚、製錶實力悠久的超級名門芝柏最著
名的經典不敗款。

在懷錶鼎盛的時代，芝柏率先製作了世界第一款男性用腕
錶，可惜當時腕錶尚未開始盛行，但芝柏確實留下了製作這批腕
錶的紀錄。之後芝柏也投入開發石英機芯，儘管因為量產發行的
時間差，導致世界第一的頭銜讓給了日本的精工，但芝柏的研
發團隊所訂定的石英錶振頻 32,768 赫茲，至今仍是世界標準規
格，芝柏也引以為榮。

創業年 │ 1791 年

創業者 │ 吉恩－弗朗索瓦・博特（Jean-François Bautte）

創業地 │ 日內瓦（瑞士）

VINTAGE 1945 XXL LARGE DATE AND MOON PHASES

以 1945 年製作的模組為基底，完美展現了芝柏特有的裝飾藝術的美
學特質。位在 12 點鐘位置的日曆顯示，透明數字盤採用超薄設計，
更容易可視。錶殼及錶鏡都展現精美的弧形，戴起來非常舒適。

自動上鍊（Cal. GP03300-0062）、精鋼錶殼、直徑 36.1×35.25
毫米、防水性能 3 巴。

價格：約新臺幣 421,437 元

擁有豐富歷史底蘊的芝柏，其實與日本有著非常深厚且特殊的緣分。芝柏的創業家族成員之一的吉恩－弗朗索瓦・博特，曾經以貿易商暨製錶師的身分，在江戶末期造訪日本橫濱，當時他所帶來的手錶，成了第一款進入日本的瑞士錶。

後來他也成為第一位在日本開店營業的瑞士鐘錶商，也曾經擔任瑞士領事館的書記官，為日本與瑞士之間的交流付出許多心力。他於 1877 年逝世，安葬在橫濱外國人墓園，至今在他的忌日，也就是每年的 12 月 18 日，仍會有許多錶迷及收藏家，特地來到墓園緬懷他。

16

消防員、潛水員的愛用款，
Sinn 辛恩

　　格拉蘇蒂位在德國薩克森自由州，堪稱是德國製錶產業的重鎮，在冷戰時期，因隸屬於東德，故曾被收歸為國營企業。西德也同樣經歷過冷戰時期，其製錶產業的發展又如何？西德的製錶產業代表，當屬 1961 年在金融都市法蘭克福創立的辛恩特製鐘錶品牌。

　　辛恩的創辦人赫爾穆特‧辛恩（Helmut Sinn），他本身是第二次大戰時的德軍飛行員暨教官，憑藉他自己的作戰及飛行經驗，設計生產了針對飛行員執行任務時所需要的「特種手錶」。對於計時的要求嚴謹、設計也力求簡潔易辨識，辛恩的手錶貫徹德國工藝特有的機能美與精準度，這點也深深吸引錶迷們的心。

　　不過將辛恩的事業推向另一個高峰的重要人物，則是 1994年接手辛恩事業的洛塔爾‧舒密特（Lothar Schmidt）。他曾經在萬國任職，累積了許多珍貴的實務經驗，在接下辛恩的企業重擔之後，他將德國工業思想發揮得淋漓盡致，將辛恩錶的機能性

創業年｜1961 年

創業者｜赫爾穆特‧辛恩

創業地｜法蘭克福（德國）

103.B.SA.AUTO

1960 年代德國空軍所採用的飛行員錶款，辛恩 103 系列也是繼承了經典元素的復刻傑作。使用 Ar 氬氣乾燥技術，讓腕錶內部機關能保持穩定的精準度及功能性。

自動上鍊、精鋼錶殼、直徑 41 毫米、防水性能 20 巴。

價格：約新臺幣 111,677 元

打磨得更加精緻。

　　辛恩所擁有的特殊技術，讓他們能在競爭激烈的錶壇占有一席之地，這也是辛恩最引人入勝的地方。例如，HYDRO 液體滴定技術，大幅提升了錶殼及機芯的防水性；**Ar 氬氣乾燥技術，可令機芯處於幾乎完全乾燥的環境中**，得以穩定保持腕錶的功能和精準性；**Sinn 辛恩特製油**，這是辛恩獨門研發的特製潤滑油，**可以讓腕錶在 -45℃～+80℃ 的環境中，依然能運行自如。**辛恩的獨門特殊技術不僅只於此，每一項都是震驚錶界、獨一無二的高水準高科技。也正因為辛恩錶的這種特性，使得辛恩錶廣受消防員、潛水員、急救員等特殊專業人士的喜愛。

　　雖然不像瑞士錶那般講究華麗賣相，但充滿了德國工藝的精緻專業美學，尤其那強大的實用性，也是獨特的魅力。

17

在飛行錶上印製 PILOT，
只有 ZENITH 真力時

真力時在 1969 年，發表了世界第一款搭載高振頻計時機芯的自動上鍊計時碼錶腕錶 El Primero，自此，真力時成功躍上世界舞臺，晉身國際知名的腕錶品牌。

真力時從品牌創立之初，就已經是擁有自行製作機芯、製錶技術實力的優質製錶大廠。於 19 世紀後期，就建置了配備近代化設備的製錶工廠，並且僱用 1,000 位以上的員工，可說是相當有規模的鐘錶公司。

秉持著優秀的性能與品牌信賴的高評價，當世界潮流進入 20 世紀初期的「飛行熱」時，真力時也開始投入航空計時器的製造研發。如此搶得先機，至今**全世界可以在飛行錶款上印製 PILOT 字樣的品牌，只有真力時一家而已。**

承繼了將近百年的老牌精神及實驗技術力，真力時屢屢創造驚豔錶界的創舉。例如，高振頻計時腕錶 DEFY El Primero 21，一枚機芯搭載兩個驅動源，其計時精準度可達百分之一秒；或是

創業年｜1865 年

創業者｜喬治斯・法福爾－傑科特（Georges Favre-Jacot）

創業地｜勒洛克勒（瑞士）

CHRONOMASTER EL PRIMERO OPEN

搭載了真力時招牌的高振頻計時機芯。錶盤在 10 點鐘的位置開了一個小窗，透過縷空設計，可以欣賞擒縱裝置的運作。矽利康製的擒縱輪及擒縱叉調校機構等，這些擺脫傳統設計的先進零件亦顯而易見。

自動上鍊（Cal. El Primero 4061）、精鋼錶殼、直徑 42 毫米、防水性能 10 巴。

價格：約新臺幣 286,000 元

進化錶款 DEFY Inventor，它搭載了由真力時獨家研發的真力時調速振盪器（ZENITH Oscillator），利用矽利康製造的零件，此款調速振盪器，不只取代了機械製錶中使用長達 400 年的傳統游絲擺輪，更是讓真力時在機械腕錶的歷史上又展開了新篇章。

除了精準計時的超強實力，真力時旗下淵源深厚的經典錶款——正裝錶及飛行錶，也都擁有頗高的評價，真力時在傳統與革新雙方面都有傑出的表現。

除了製錶的輝煌紀錄，真力時的品牌創辦人喬治斯・法福爾－傑科特曾經委託同鄉、後來成為世界聞名的天才建築家勒・柯比意（Le Corbusier）設計自己的宅邸，現今故居建築已被登錄為世界遺產。

18

法拉利車手都在戴
TAG Heuer 泰格豪雅

　　泰格豪雅從非常早期，就開始投入計時器的研究開發事業。在汽車工業的黎明期，泰格豪雅在汽車儀表板計時器方面非常成功；之後更在 1916 年，成功開發了可以精準計測至百分之一秒的機械計時錶 Mikrograph。

　　泰格豪雅對於精準計時的講究及技術實力，讓它成為奧運官方計時器的品牌之一，與體育界可說是淵源深厚。

　　1963 年，泰格豪雅發表了專為專業駕駛者、賽車愛好者設計的經典運動腕錶卡萊拉（Carrera）；之後又於 1969 年發表了搭載世界第一款自動上鍊計時機芯，同時也是世界第一款方形錶殼的防水運動腕錶，並以動力運動賽事的聖地摩納哥（Monaco）來為此錶款命名。

　　1971 年，泰格豪雅與 F1 法拉利車隊簽署專屬合約，成為法拉利車隊的官方計時及合作夥伴，法拉利車隊的車手也都配戴泰格豪雅腕錶，直至今日，泰格豪雅仍是法拉利車隊的官方計時暨

創業年｜1860 年
創業者｜愛德華・豪雅（Edouard Heuer）
創業地｜聖伊米耶（瑞士）

TAG HEUER CARRERA CBN2A1B.BA0643 自動計時錶

於 1963 年誕生的卡萊拉系列，是專為專業駕駛者和賽車愛好者所設
計的經典運動腕錶。此系列的最新款，搭載了泰格豪雅自家生產的機
芯，黑色陶瓷錶圈、黑色錶面搭配黑色計時盤，散發歷久不衰的優雅
運動氣息。

自動上鍊（Calibre Heuer 02）、精鋼錶殼、直徑 44 毫米、防水性
能 10 巴。

價格：約新臺幣 193,500 元

合作夥伴。泰格豪雅以自豪的精準計時腕錶，全面支援法拉利車隊的賽事戰略，而法拉利車隊贏得兩屆年度積分車手冠軍（尼基．勞達〔Niki Lauda〕）、連續 3 年 F1 年度車隊冠軍等歷史留名的輝煌成績。熱衷於動力運動賽事的泰格豪雅，目前也是紅牛一級方程式車隊的官方計時及合作夥伴；同時也是保時捷的冠名計時夥伴，並以 TAG Heuer 保時捷電動方程式車隊（TAG Heuer Porsche Formula E Team）之名參與賽事。

泰格豪雅亦與印第安納波利斯 500 英里大賽（Indy 500）成為合作夥伴，彰顯出品牌長久以來對極速賽車運動世界的熱愛。

儘管泰格豪雅以運動型腕錶聞名，其實旗下各個錶款都具有不凡的價值。承繼了 160 年的品牌歷史傳統，同時也持續精進、追求更先進的技術與效率，每一款泰格豪雅錶皆以製錶領域的尖端研究為基礎；每個系列都展現巧思，堪稱經典之作。

19

TUDOR 帝舵堅固、可靠，
美國海軍都想要

帝舵的品牌創辦人，漢斯・威爾斯多夫（Hans Wilsdorf），他同時也是勞力士的品牌創辦人。漢斯・威爾斯多夫在創立品牌之初，就對帝舵錶有了明確的定義：品質與勞力士同樣值得信賴，但售價必須親民且具備吸引力。這就是他成立帝舵錶的品牌宗旨。

帝舵這個名稱，是從英國都鐸王朝得到的靈感，其家族的族徽薔薇，也成為品牌標誌的發想。雖說帝舵與勞力士系出同門，但直到 1952 年，英國皇家海軍攜帶了 26 只帝舵 Oyster Prince 腕錶前往格陵蘭進行科學考察，由此印證了帝舵腕錶的堅固、可靠及精準；帝舵的名聲從此扶搖直上。**帝舵以軍用錶打響名號**，自 1950 年代之後，就陸續獲得美國海軍及法國海軍的青睞，堅固可靠又精準，成了帝舵錶的特色。現今帝舵的**品牌標誌圖案為盾牌，也是展現帝舵錶講究堅固性的品牌精神與堅持**。

為了保持帝舵的品牌獨立性，最重要的關鍵，就是核心錶款

創業年 | 1926 年
創業者 | 漢斯・威爾斯多夫
創業地 | 日內瓦（瑞士）

BLACK BAY FIFTY-EIGHT 藍色織紋錶帶

正統潛水錶，防水性能 20 巴，海軍藍色系非常切題。法國製的藍色
織紋錶帶質感非常親膚，為穩重的設計增添了輕盈感。

自動上鍊（Cal. MT5402）、精鋼錶殼、直徑 39 毫米、防水性能 20
巴。

價格：約新臺幣 110,000 元

都搭載了帝舵設置於日內瓦機芯工廠的原廠自製機芯。連續驅動時間可長達 70 小時，就算星期五的晚上脫下手錶放著不管，到了星期一早上也不用擔心手錶突然不會動。

帝舵甚至取得了大師天文臺精密時計認證，該認證要求尤為嚴格，走時精準為首要考量。**帝舵的原廠自製機芯的計時精準度，走時的每日平均誤差為 -2 秒～+4 秒**，如此優異的成績，令錶界大為驚奇，也更落實了帝舵錶堅固可靠又精準的特色。

出色的機能性設計與經典的指針款式，無不展現了帝舵錶的個性。經典的雪花針和設計風格與時俱進的青銅素材、親膚又高質感的 NATO 織紋錶帶等，不只堅固可靠，還很時尚，讓年輕世代也能感受帝舵錶的魅力。

20

易讀又不失時尚，選 NOMOS Glashütte 諾莫斯格拉蘇蒂

德國的製錶產業中樞，位於素有德國高級腕錶之鄉美譽的格拉蘇蒂，這裡原本有著許多獨立製錶的製錶廠、製錶師及製錶品牌，經歷過戰爭的歷史洗練、東西德合併的影響，一度全部被收歸為國營企業，而後又贏來轉變，各自重起爐灶、獨力經營。

諾莫斯格拉蘇蒂（NOMOS Glashütte，以下簡稱諾莫斯）也是於 1990 年重新創業，儘管是新品牌，但禁得起歷史考驗的深厚製錶實力可不容小覷。與其他偏好遵循傳統風格的品牌不同，諾莫斯追求的是更加摩登、時尚的風格。諾莫斯的腕錶設計靈感，來自於德國藝術建築學校包浩斯，以「在形體、形狀上賦予其功能性」為設計理念，製作出的腕錶強調簡約內斂以及其功能性。

諾莫斯製作的腕錶，特色為容易識讀、功能優秀。不只是端正又精緻的作工，在色彩運用方面，也展現諾莫斯獨特的時尚美學，不論是淺藍色、淺綠色的搭配，諾莫斯的多元配色自成一

創業年｜1990 年

創業者｜羅蘭・施韋特納（Roland Schwertner）

創業地｜格拉蘇蒂（德國）

TANGENTE

細長的指針與容易識讀的數字呈現方式，可說是諾莫斯的經典錶款。
搭載了諾莫斯原廠自製的精美機芯，表格厚度僅有 6.6 毫米。簡約風
格呈現出俐落的知性之美。

手動上鍊（Cal. α）、精鋼錶殼、直徑 35 毫米、防水性能 3 巴。
價格：約新臺幣 64,800 元

派，在德國當地受到音樂家及藝術家的喜愛，獲得極大的支持，可說是相當有自我風格的名錶品牌。

除了獨特的時尚風格，諾莫斯也持續精進製錶品質，自2005 年開始，諾莫斯也終於踏入了原廠自製機芯的領域。

一般若是製錶品牌想要冠上格拉蘇蒂之名，則機芯必須至少有 50% 以上是由格拉蘇蒂當地生產製造才可以冠名；**諾莫斯的機芯與零件，至少有 95% 是格拉蘇蒂製造**，冠名當之無愧。就連多數瑞士製錶品牌的重要機芯零件游絲都是外購，而諾莫斯卻能原廠自行製造。

諾莫斯的企業員工人數大約 260 名左右，雖然以規模來說，不能算是大型企業，但是其細膩用心的程度，以及製錶工藝的講究，絕對能讓所有人都臣服。若說諾莫斯是德國製錶的良心，絕非過譽。

21

OFFICINE PANERAI
沛納海錶，義大利海軍的裝備

　　沛納海於 1860 年，在義大利的佛羅倫斯開設了第一家鐘錶店，並且仿效瑞士鐘錶店的模樣，這家鐘錶店同時也是一間製錶工坊。

　　沛納海從第一次世界大戰時期開始，就為義大利海軍製作潛水用的水深測量儀等精密儀器，到了 1936 年，沛納海開發出性能非常優秀的潛水專用防水錶。在此之前，沛納海其實就研製出**以鐳為基礎、具有高度自發光性能的特殊素材 Radiomir，這能讓儀器在幽暗的深海中也能發出光芒，測量員就能正確讀取資料。**

　　沛納海將這項技術應用在腕錶上，製作出在水中也能清楚辨讀時間的潛水腕錶，義大利海軍將這款腕錶當成裝備之一，在各地戰事中都獲得了相當優秀的戰績。之後沛納海也為義大利以外的軍隊製作腕錶，但終究都是作為軍事裝備，這也使沛納海有很長一段時間都蒙上了名為「軍事機密」的神祕色彩。

　　直到 1993 年之後，沛納海才開始進入一般民用腕錶的市

創業年│1860 年

創業者│喬凡尼・沛納海（Giovanni Panerai）

創業地│佛羅倫斯（義大利）

Luminor Due - 42mm

乍看之下非常有存在感的大錶殼及錶冠護橋，此乃沛納海的經典設計，值得一提的是，錶殼其實為輕薄素材設計，對於職場上活躍奮戰的上班族來說，輕型不沉重、方便動作的錶殼相當加分。

自動上鍊（Cal. P.900）、鈦金屬錶殼、直徑 42 毫米、防水性能 3 巴。

價格：約新臺幣 201,400 元

場，後來歷峰集團收購了沛納海，從此沛納海也成為奢華腕錶品牌的一員。沛納海不僅守護著歷代傳承下來的技術與傳統，更從中延伸出創意發想，製作出富有沛納海特色又不失時尚多樣性的腕錶。

由於最初是設計給剛毅的軍人配戴的軍用腕錶，因此粗壯厚重的錶殼，成了非常顯眼的特徵，而為了保護較為脆弱的錶冠，錶冠護橋的設計，更可說是沛納海錶款的專屬特色。將小秒針改成額外放置小秒盤、錶盤上的時標與指針，使用夜光素材搭配較粗的指針設計，這些都是為了確保在暗處也能清楚辨識時間。

沛納海錶款的所有功能，都可說是為了確保作戰順利而設計。現代商場也如戰場般競爭激烈，每個上班族其實都是一名戰士，為了鼓舞自己，沛納海的高機能性腕錶是相當適合的選擇。

22

貓王喜歡戴
Hamilton 漢米爾頓

　　美國的腕錶品牌，都是從以能夠讓鐵路系統順利運行為目的的鐵路計時製造公司中誕生，再進而發展成腕錶品牌，讓腕錶也逐漸成為日常生活用品。

　　漢米爾頓也是其中之一，而眾多中小鐵路計時製錶品牌，經過合併、收購，最終成為一個品牌，也就是漢米爾頓，於 1892 年創業。這個品牌名稱是以當時活躍於創業地蘭卡斯特的律師安德魯‧漢米爾頓（Andrew Hamilton）的名字發想而來。

　　1990 年代，**漢米爾頓成為美國官方指定的鐵路計時供應商，從此打響名聲**，而漢米爾頓所製造的腕錶精準又耐用，獲得非常好的評價，在第二次世界大戰時，亦成為美國軍方的專用腕錶供應商之一，並且也有為英國空軍製作軍用飛行員腕錶。

　　1957 年，漢米爾頓推出了世界第一款電池驅動的電子腕錶 Ventura（此款亦是貓王艾維斯‧普里斯萊〔Elvis Presley〕的愛用款）；之後更於 1970 年推出了世界第一款 LED 式跳字腕錶

創業年｜1892 年

創業地｜蘭卡斯特（美國）

Ventura

最初的 Veutura 於 1957 年推出，為全球首款電池驅動的腕錶，名留製錶歷史。左右不對稱的設計，出自於曾參與凱迪拉克跑車製作的鬼才工業設計師理查德・阿比布（Richard Arbib）之手。如此前衛的風格，至今仍歷久彌新。

石英機芯、精鋼錶殼、錶殼 32.3 毫米×50.3 毫米、防水性能 5 巴。

價格：約新臺幣 29,900 元

Pulsar。如此先進的技術，正是漢米爾頓誕生於自由國度美國的最佳證明。

如今漢米爾頓已將製錶重心，移至瑞士的生產據點，但旗下錶款依然承繼了美國的自由精神。除了不敗的經典款，Ventura 系列至今仍然擁有無法撼動的高人氣。2020 年更是發表了復刻 1970 年代，引領風潮的 Pulsar 錶款漢米爾頓 PSR。Pulsar 錶款不僅與好萊塢有著深厚淵源，在許多經典電影當中，也可看見它的身影。

漢米爾頓的品牌標語是：「美國精神，瑞士精密。」（AMERICAN SPIRIT, SWISS PRECISION）結合瑞士的精準工藝與美國的自由精神，這就是漢米爾頓獨一無二的魅力。

23

展現陸、海、空的獨特魅力，BREITLING 百年靈

計時碼錶最重要的裝置：位於錶冠上的兩個按鈕，用來啟動、停止和重置。這個裝置就是由百年靈發明，並於 1934 年申請專利。從此計時碼錶的功能變得更加簡便好用，也有利於將計時碼錶應用在腕錶的製作設計。

百年靈能擁有如此精湛技術，進而製造出優秀的計時器，與航空公司及空軍有很深的淵源。1936 年，百年靈和英國空軍簽約，成為英國空軍的官方供應商；1942 年，百年靈也成為美國空軍的官方計時器廠商之一。而在 **1952 年，百年靈發表了世界首款配備了航空專用飛行滑尺的航空計時腕錶 NAVITIMER**，這款經典之作，直至今日依然是錶界的大師級指標。

不過百年靈的長才不是只有發揮在空中。1950 年代，百年靈開始全力投入製作潛水錶，直到今天，百年靈與頂尖衝浪運動員凱利・史萊特（Kelly Slater）締結了深厚的合作關係。另外，百年靈的 PREMIER 系列腕錶，則展現了時尚奢華的風情，透過

創業年 ｜1884 年

創業者 ｜里昂・百年靈（Léon Breitling）

創業地 ｜聖伊米耶（瑞士）

NAVITIMER B01 CHRONOGRAPH 43 航空計時腕錶

首款誕生於 1952 年，至今仍是公認的經典傑作。搭載了航空專用的
飛行滑尺顯示功能，能計算對地飛行速度、飛行所需時間、耗油量
等。錶圈採微薄型設計，特殊的裝飾也別有風味。

自動上鍊（Cal. 百年靈自製 01 機芯）、精鋼錶殼、直徑 43 毫米、
防水性能 3 巴。

價格：約新臺幣 278,000 元

裝飾設計，來展現百年靈不一樣的世界觀。

　　PREMIER 系列以現代大都會，亦即陸地為設計概念主軸。百年靈透過不同系列的腕錶，展示了陸、海、空不同領域的獨特魅力，也讓錶迷有更多元的選擇與樂趣。而百年靈腕錶的精準品質，可是有保證的。在製錶聖地──瑞士的拉紹德封設置了超現代化的製錶廠房，並命名為「百年靈精密鐘錶中心」；百年靈的所有機械錶款，皆獲得 COSC 瑞士官方天文臺認證。放眼整個瑞士錶界，這樣傲人成績，也是相當罕見，也證明了百年靈對於精準計時的講究與傑出。

24

BVLGARI 寶格麗，
有 7 連霸的世界紀錄

　　誕生自奢華精品集中地的義大利羅馬品牌寶格麗，向來以擅長選用彩色寶石的高級珠寶設計聞名於世。1977 年，寶格麗發表了 BVLGARI BVLGARI 錶款之後，就此奠定了寶格麗在腕錶領域中的地位；1980 年代，寶格麗在瑞士成立了專門製錶的鐘錶公司 BVLGARI Time（也就是現在的寶格麗鐘錶總部），寶格麗已經超越了貴金屬珠寶的領域，成功跨足專業製錶，致力打造華麗又精準的奢華名錶。

　　2000 年開始，寶格麗陸續買下擁有高超製錶實力的製錶工坊品牌、專精製作腕錶面盤的工廠、鏈帶廠等，透過大手筆的招兵買馬，將製錶技術及規模整合得更加完善。另外，寶格麗亦招聘了腕錶業界的知名經營者，擔負自家腕錶品牌的經營重任，要將寶格麗腕錶的招牌變得更響亮也更強大。而憑藉著強大的技術資源，**寶格麗打造出搭載超薄機芯的超薄錶款 Octo Finissimo 系列，甚至還締造了 7 連霸的世界紀錄：**超薄手動上鍊陀飛輪

創業年 │ 1884 年

創業者 │ 索帝里歐・寶格麗（Sotirio Bulgari）

創業地 │ 羅馬（義大利）

OCTO ROMA

以羅馬古建築風格為設計發想，八角形輪廓的錶殼設計為此款最大特徵。將羅馬特有的古典細膩風情融入錶款設計之中，耐看又百搭。

自動上鍊（Cal. BVL191）、精鋼錶殼、直徑 41 毫米、防水深度 5 巴。

價格：約新臺幣 200,600 元

腕錶（機芯厚度 1.95 毫米，2014 年）、超薄三問報時腕錶（機芯厚度 3.12 毫米，2016 年）、超薄自動上鍊腕錶（機芯厚度 2.23毫米，2017 年）、超薄自動上鍊陀飛輪腕錶（機芯厚度 1.95 毫米，2018 年）、超薄自動上鍊兩地時間計時腕錶（機芯厚度 3.3 毫米，2019 年）、超薄自動上鍊鏤空陀飛輪計時腕錶（機芯厚度 3.5 毫米，2020 年）、超薄萬年曆腕錶（機芯厚度 2.75 毫米，2021 年）。

尤其 Octo 系列，本身就是以多角形輪廓的錶殼設計為特色，要讓功能極為複雜又纖細的超薄機芯可以搭載適用，這正是寶格麗製錶的頂尖技術，與華麗美感的絕佳呈現。

高人一等的美學意識，融合了卓越的製錶技術，寶格麗在腕錶界可說是相當具有獨特個性。寶格麗的腕錶不只講究精準實用，更追求華麗奪目的裝飾之美，讓你體會不同次元的奢華腕錶美學。

25

心跳視窗，讓你看見機芯擺輪，Frederique Constant 康斯登

　　瑞士的製錶業界其實有著相當封閉的文化，外來的品牌想要打入瑞士傳統製錶的圈子實為難事；但反過來說，那些不勉強打入圈內，選擇在圈外立足的品牌，反而更有空間與機會，能自由的施展拳腳。

　　康斯登（Frederique Constant），於 1988 年創立，相較於傳統名門，康斯登算是製錶歷史尚淺的品牌，且品牌創辦人彼得・史塔斯（Peter Stas），他其實是荷蘭人，原本還是電機業界的生意人。然而，正因為他並非傳統鐘錶界的出身，使得他能用大膽、創新的思維來面對製錶這項事業。

　　康斯登旗下最著名的錶款，就是於 1994 年發想出的 Heart Beat 心跳視窗系列錶款。**在錶盤上開一個小窗，讓配戴者可以看到機芯擺輪的運作**，有別與以往為了著重易讀性，而講求錶盤整潔的傳統設計。這款心跳視窗腕錶大受歡迎，也讓康斯登獲得

創業年｜1988 年

創業者｜彼得‧史塔斯

創業地｜日內瓦（瑞士）

Heart Beat Manufacture

招牌的心跳機芯，零件使用矽材質製作，成為此錶款的心臟。6 點鐘
位置開了小窗，可以看到機芯矽製擒縱輪的運作，此為最大特色。同
時搭載日曆與月相等功能，在實用機能方面也不馬虎。

自動上鍊（Cal. FC-945）、精鋼錶殼、直徑 42 毫米、防水性能 5
巴。

價格：約新臺幣 188,263 元

了表現力豐富的好評。

康斯登也積極提拔青年才俊擔任重要職位，也因此得以實現許多嶄新的創意，製作出前所未見的新型錶款，這也成為康斯登的企業特色。

晉身頂級名錶品牌的必要門檻──自製機芯，原本一直都是傳統知名錶廠們獨占鰲頭，但康斯登很早就決定要投入研發自製機芯，透過將所有機芯零件模組化，降低組成難度；再配合巧妙的成本節約政策，最終得以運用相對便宜的價格，來製作出搭載了萬年曆、陀飛輪等複雜功能的腕錶。另外，康斯登與矽谷的科技公司合作，推出了外表看起來是傳統機械錶，卻擁有智慧型手錶功能的智能錶。康斯登的創意與革新從未停下腳步，持續勇於挑戰。

2016 年 5 月，康斯登宣布加入 CITIZEN 集團，這項消息震驚了錶壇。未來康斯登將融合日本與瑞士的製錶實力，令錶迷們期待改革者康斯登，展現飛躍性的進步與成長。

26

將戰機駕駛艙鐘錶融入手錶，
Bell & Ross 柏萊士

　　在製錶業界中，常見擁有實力的製錶師，走上創立獨立品牌之路。但是柏萊士（Bell & Ross）卻是徹底跨界，且還大成功的稀有案例。

　　品牌創辦人之一的布魯諾・貝拉米奇（Bruno Belamich〔Bell〕），他原本是工業設計師；而另一位創辦人卡洛斯・A・羅西洛（Carlos A. Rosillo〔Ross〕）則原為金融業界人士。他們是在高中認識的好朋友，於 1994 年在巴黎創業，成立了腕錶品牌柏萊士。

　　由布魯諾主導的設計風格，打破了腕錶的既定印象與常規，錶帶上品牌標誌、裝飾的配置與配色，也都更增添了柏萊士特有的洗練氣質。另一方面，為了提升自身的製錶技術，柏萊士在品牌成立初期，與德國腕錶品牌辛恩、法國品牌香奈兒締結合作關係，並向這兩大品牌學習更上一層的製錶技術。雖然不知柏萊士當初做出這項決策的真正意圖為何，但此舉讓柏萊士有了很大的

創業年｜1994 年
創業者｜布魯諾・貝拉米奇、卡洛斯・A・羅西洛
創業地｜巴黎（法國）

BR 05 BLACK STEEL

BR 系列以戰機駕駛艙鐘錶為設計概念，此款又更加進化。方圓合一的錶殼造型，搭配帥氣俐落的精鋼錶帶材質，整體呈現了現代都會的明快節奏與大氣自信，完美體現了柏萊士的品牌特色。此款是專為都市上班族及專業人士設計的摩登腕錶。

自動上鍊、精鋼錶殼、直徑 40 毫米、防水性能 10 巴。
價格：約新臺幣 168,000 元

進步與佳績；且柏萊士不受瑞士製錶界的傳統氛圍影響，走出了屬於自己的創意自由大道。

　　尤其 2005 年發表的 BR 系列錶款，更在錶界掀起熱潮。將戰機的駕駛艙鐘錶，完整重現在腕錶的設計上，這實在是非常大膽的發想。方形腕錶完美呈現軍用品的俐落風格，這系列受到時尚圈強力盛讚，更稱此錶款是不帶戰爭色彩的軍用錶。

　　柏萊士成功的打出一片天地，且至今仍保持著巴黎的時尚美學。重視實用性、獨特性與時尚度，柏萊士的腕錶不只硬朗帥氣，更是獨一無二的時尚單品。

27

你的收藏清單上一定要有，
Baume & Mercier 名士

　　名士（Baume & Mercier）創立於 1830 年，這在歷史悠久的瑞士製錶業界中，可說是排名第 7 的名門老牌。19 世紀時，在世界博覽會上獲得許多獎項，於官方舉辦的天文臺計時競賽中亦獲得優秀成績。最難能可貴的是，名士自創業以來，就一心一意專注在製錶事業上，這在瑞士製錶業界中也是相當少見的執著。經歷過戰爭、大蕭條、還有 1970 年代的石英革命等大風大浪，名士能一路走來始終如一，正是因為它是足以代表瑞士製錶的資深老牌，且具備了傳統名門的崇高品格。

　　肩負歷史與傳統的名士錶，旗下錶款可說是非常純正，除了品質極為優良，價格也相對容易入手，這點相當令人欣喜。特別是 2018 年推出搭載了自社原廠開發的新型機芯 Baumatic 錶款，讓錶界上下都大為驚豔。**Baumatic 的動力儲存竟然長達 5 日（120 小時）、抗磁性能 1,500 高斯、瑞士官方天文臺認證的高精準度，維修週期甚至也拉長至 5 年**，這些都是名士錶的實力

創業年│1830 年

創業者│路易斯‧維克多（Louis Victor）、
　　　　約瑟夫‧塞萊斯汀‧鮑姆（Joseph-Célestin Baume）

創業地│汝拉山谷（瑞士，目前總部於日內瓦）

Clifton Baumatic（Clifton 10518）

高精準度、高抗磁、長效動力儲存等強大性能，可說是具備了所有使用者夢寐以求的優點。錶款整體採簡約俐落風格，充滿氣質的知性美。由裡到外都充滿了名門老牌的實力，無懈可擊的魅力，帶給錶迷至高的滿足。

自動上鍊（Cal. Baumatic BM13-1975A COSC）、精鋼錶殼、直徑 40 毫米、防水性能 5 巴。

價格：約新臺幣 108,796 元

證明。

　　名士自製機芯 Baumatic，最具代表性的錶款就是克里頓（Clifton）系列了，自豪的自製機芯，加上純正經典的設計，整體呈現智慧與誠實的氣質，可說是最適合商務人士的錶款。

　　在日本，或許名士的名氣還不到家喻戶曉的程度，但在腕錶收藏家的圈子中，已是相當有名。對於錶迷來說，名士錶絕對是願望清單上必列的經典品牌。

28

喜歡山岳探險，
不可缺 MONTBLANC 萬寶龍

說到萬寶龍，大多數人最先想到的，應該是大師傑作（Meisterstück）及星際行者（StarWalker）等高級鋼筆；確實，萬寶龍是以高級文具，締造了品牌顛峰。

萬寶龍於 1997 年開始涉足腕錶市場，為歷峰集團旗下的公司之一，萬寶龍運用集團資源打磨自身的製錶技術，漸漸的在製錶業界嶄露頭角。而讓萬寶龍製錶實力大躍進的關鍵，便是萬寶龍收購了自 1858 年創業的頂級機芯廠美耐華（Minerva）。

美耐華在 1920、1930 年代所推出的軍事探索及山岳探險專用腕錶，受到非常多冒險家推崇。而**萬寶龍 1858 系列**，完全承襲了美耐華的理念，並且**採用美耐華製造的單按把計時機芯，製作了單按把計時碼錶限量版的 1858 腕錶**，受到腕錶收藏家們的注目。還有堪稱壓箱寶的高複雜功能錶款 Time Writer 的年度精選，也是蔚為話題。另外，萬寶龍也善用自身頂級文具的形象，經典設計錶款明星傳承系列（Star Legacy），及時光行者系列

創業年｜1906 年
創業者｜阿爾弗雷德‧尼希米亞斯（Alfred Nehemias）、
　　　　奧古斯特‧埃伯斯坦（August Eberstein）、
　　　　克勞斯‧約翰內斯‧沃斯（Claus Johannes Voss）
創業地｜漢堡（德國）

萬寶龍 1858 系列自動腕錶

設計靈感源自傳奇錶廠美耐華，專為探索冒險者而特別設計的專業腕
錶。僅有兩枚指針的精簡設計、錶盤的藍色漸層與錶帶的白色縫線都
別具匠心，值得細細品味。

自動上鍊（Cal. MB 24.15）、精鋼錶殼、直徑 40 毫米、防水性能
10 巴

價格：約新臺幣 86,100 元

（Time Walker），受到許多商務人士的喜愛。

　　近年來，萬寶龍開始著重皮革製品，並在佛羅倫斯開設 Pelletteria 皮件工坊，旗下皮件商品的品項豐富亦獲得好評。事實上，**萬寶龍錶款的皮帶也是由 Pelletteria 皮件工坊製作**。越來越精緻的萬寶龍，將德國的精密工藝精神，結合瑞士的精準製錶技術，再佐以義大利的時尚美學，如此這般，萬寶龍腕錶將以更高端的奢華名錶為目標。

29

世界第一款防水、防塵錶，
ROLEX 勞力士

　　高級腕錶的代名詞勞力士，可說是最廣為人知，也是受到最多消費者喜愛的品牌，地位有如腕錶界的巨人。勞力士長年以來名聲如此響亮，又有相當多的消費者趨之若鶩，最關鍵的原因，在於勞力士的超高普及率。

　　現代腕錶所必備的機械構造、機關等，其實很多都是依照勞力士的規格來製作。獨創的旋入式錶背、錶圈和錶冠，成為世界首款防水、防塵手錶，也是勞力士最具代表性的蠔式腕錶；自動上鍊的恆動機芯 Perpetual 系列；以及可瞬時切換、顯示日期的日曆盤 Datejust 腕錶，這些都是勞力士的重要製錶技術創新。還**有為了強化機芯的抗磁性，勞力士獨家研發的 Parachrom 藍游絲，大幅提升勞力士錶的實用性及腕錶價值。**

　　勞力士在設計方面倒是沒有太大的變化。有著辨識度極佳的腕錶面盤設計與配置，勞力士錶本身可說是完成度相當高的作品。儘管如此，隨著勞力士自製機芯的技術不斷進步，製錶工藝

創業年	1905 年
創業者	漢斯・威爾斯多夫（Hans Wilsdorf）
創業地	倫敦（英國）

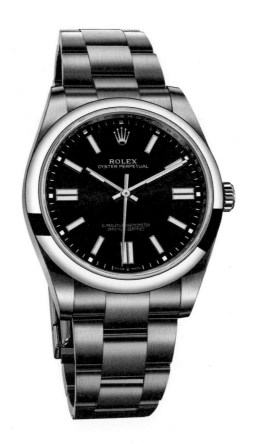

Oyster Perpetual 41

堪稱是經典不敗的勞力士代表款。搭載了 2020 年新發表的新型勞力士自製機芯，抗磁性及抗衝擊性都大幅改進，動力儲存也提升至 70 小時。勞力士腕錶仍不斷追求進化。

自動上鍊（Cal. 3230）、蠔式鋼錶殼、直徑 41 毫米、防水性能 10 巴。

價格：約新臺幣 202,000 元

也包括了錶殼與錶帶的素材變化運用等，其實勞力士一直都是低調，卻踏實的在小細節上求新求變，對於品質始終一絲不苟。

　　勞力士最令人驚喜的魅力，在於**旗下錶款非常多樣**，能迎合各種風格。**尺寸從男錶到女錶一應俱全**，選擇相當豐富；錶盤設計及配色也是繽紛亮眼。通常消費者會擔心，越是有人氣的品牌，可能會與他人撞錶或是很難做出差異，但勞力士的豐富錶款，絕對能讓每個人精挑細選出適合自己風格的錶。

30

擔任第一屆奧運官方計時，
LONGINES 浪琴

在瑞士的製錶業界中，浪琴算是相當早期就設置了近代化的大型製錶廠，並且建立原廠自製一條龍的製錶系統；浪琴早早就為自己建構了堅實穩固的基礎。

浪琴所製作的高功能懷錶，在世界博覽會上獲得許多獎項，尤其在精準度方面，更是受到相當高的評價。1896 年舉辦的第一屆奧林匹克運動會，便是由浪琴擔任官方時計的重責大任。

不只體育界，探險家及飛行員也非常信任浪琴錶的精準。1900 年，浪琴錶追隨阿布魯奇公爵（Louis-Amédée de Savoie）踏上征服北極之旅，浪琴錶的精準時刻，受到公爵大力讚揚。

1927 年，飛行員查爾斯・林白（Charles Lindbergh）於無中轉的情況下，獨自完成橫跨北大西洋的歷史創舉，當時見證這項創舉的廠商正是浪琴。之後查爾斯委託浪琴製作了「**林白導航錶**」（**The Lindbergh Hour Angle Watch**），**可令飛行員更便利的計算經度、精確的確認自己的所在位置。**浪琴於 1990 年代復

創業年｜1832 年

創業者｜奧古斯特・阿加西（Auguste Agassiz）

創業地｜聖伊米耶（瑞士）

LONGINES Spirit 先行者系列

說到飛行員錶款的代表性品牌，浪琴肯定名列前茅。此款飛行者系列，更是浪琴集各系列錶款之集大成的精心傑作。辨識度極佳的錶面設計，讓人對於時間流動的魅力，有了不同的體驗。

自動上鍊（Cal. L888.4）、精鋼錶殼、直徑 40 毫米、防水性能 10 巴。

價格：約新臺幣 69,200 元

刻了這款經典飛行員錶，由於完成度非常高，受到錶迷收藏家們的盛讚好評。據說目前腕錶業界吹起的經典腕錶復刻熱潮，就是由浪琴引領而起的。

　　擁有如此卓越技藝的浪琴，透過新系列錶款，展現了名門品牌的企圖心。2020 年推出的 LONGINES Spirit 先行者系列，將浪琴過去製作的飛行員錶款的設計風格集大成，再以現代美學及技術賦予新面貌。有別於其他的復刻飛行員錶款，飛行者系列在 3 點的位置，開了一個顯示日期的小窗，還搭載了擁有瑞士官方天文臺認證的精準計時機芯。

　　浪琴就像是累積了豐富製錶歷史的資深好手，不僅擁有深厚底蘊，在講求專業與精準的運動腕錶，以及追求奢華優雅的經典錶款方面，都交出了非常漂亮的成績。相信浪琴錶也能成為商業人士的助力，引領活躍表現。

懂名錶，
商業人士必備的素養

　　由於新冠肺炎席捲全世界，許多地方也都受到了前所未有的影響，但疫情似乎也成了讓人們重新檢視自己生活的契機。

　　我想，最大的改變，應該就是運用時間的方式。原本面對繁忙的每一天，大多數人大概只是得過且過、茫然的任憑時間流逝。現在因盡量不外出的關係，人們不是整天待在家（配合遠距作業、在家工作），不然就是只有往返公司與自家、兩點一線。

　　如此日復一日，生活節奏彷彿也隨之改變，我們開始越來越在乎運用時間的方式。例如，每天待在家裡的人，早上或許可以開始悠哉的享受喝咖啡的時間，甚至可以開始下廚製作費時料理（像是燉煮料理、熬湯等）。據說，也有不少人因為與家人相處的時間多了，家庭關係變得更好。尤其是上班族們，相信光是每日通勤與工作上的繁忙，就足以讓人身心俱疲。但是，當這種近乎逼死人的快節奏突然銳減，甚至消失，人的心靈就會得到放鬆，心情上也會更有餘裕。也就是說，運用時間的方式改變，反而能提升生活品質。

　　或許是因為這樣，原本以為鐘錶產業會受到疫情衝擊而陷入困境，但出乎意料，腕錶的景氣非常好，銷量也很亮眼。在提倡「愛惜光陰」、「讓自己的時間變得更有意義」等正面口號時，我猜，標榜便利性的智慧型手機、智慧型手錶，反而讓人感覺好像少了些什麼。

　　為了補足那份無形的空虛，人們希望可以有個具體的媒介，來表現時間的珍貴與豐富多元，讓自己更能深刻去體會每一天的生活。而可以滿足這些需求的，也只有匠心獨具、精心製作的腕錶。或許是因為認同傳統腕錶的魅力與價值的人增加了，所以也直接影響了腕錶的銷售。

　　當然，由於目前有些國家仍是禁止國際觀光，少了來自海外的訂單與消費，確實會影響收益，整體來說，鐘錶界目前的狀態仍相當嚴峻。在各式各樣的名錶品牌中，據說生意好壞的落差很大，也有報導指出，中國腕錶市場已經出現回溫的徵兆，而大規模的鐘錶展活動，也締造了還不錯的買氣。即便是現在，人們依然尚未喪失對腕錶的熱情。

　　本書所撰寫的內容，是**希望能培養 30 歲以上的商務人士，對於腕錶有更深一層的認識**，並具備基本的名錶素養。本書絕對不是指導如何買錶的導購說明書。

　　腕錶能為你的人生，增添更多豐富色彩，因此，買錶這件事並沒有對錯，不如說，只要是選擇真正適合自己風格的錶，那就是專屬於你的答案。與自己喜歡的腕錶一起共度生活時光，就是最有意義的事。

　　基於上述原因，千萬不要只透過品牌名氣或價格等膚淺的因素來選錶，而是應該要讓自己具備相關素養，如此才能真正選出符合自己喜好與風格的錶。

　　時間，是眼睛看不到、卻又真實存在的事物。它深入人們的生活，甚至成為社會進化的基礎。不被時間追著跑，而是與其共存、共度人生，這才是真正的優雅。

參考、引用文獻

- 內田星美，《鐘錶工業的發達》，服部 SEIKO 出版。
- 艾瑞克・布魯頓（Eric Bruton）著、日文版梅田晴夫譯，《鐘錶文化史》，東京書房社出版。
- 磯山友幸，《品牌王國瑞典的祕密》，日經 BP 出版。
- 谷岡一郎，《改變世界之曆法的歷史》，PHP 文庫出版。
- 片山真人，《1 週為什麼有 7 天？24 節氣怎麼來？用科學方式輕鬆懂曆法》，台灣東販出版。
- 角山榮，《鐘錶的社會史》，中公新書出版。
- 金哲雄，《胡格諾派的經濟史研究》，MINERVA 書房出版。
- 勝田健，《吞食瑞士的男人們——鐘錶王國精工 SEIKO 的100年》，經營 VisionCenter 出版。
- 織田一朗，《你的人生還剩多少時間？》，草思社出版。
- 織田一朗，《為什麼鐘錶也會出現誤差？》中央書院出版。
- 有澤隆，《圖說——鐘錶的歷史》，河出書房新社出版。
- 尼可拉斯・福克斯（Nicholas Foulkes），《百達翡麗 Patek Philippe 正史》，百達翡麗 Patek Philippe 出版。
- 小田幸子編，《精工 SEIKO 鐘錶資料館藏——大和鐘錶圖錄》，精工 SEIKO 鐘錶資料館出版。

- 《Serai》、《Lapita》編輯部編著，《卡地亞鐘錶物語》，小學館出版。
- 內文：路易絲・博登（Louise Borden）、繪圖：艾瑞克・布萊瓦德（Eric Blegvad）、日文版片岡 SHINOBU 譯，《大海的鐘錶職人──喬治哈里森》，Asunaro 書房出版。
- 戴瓦・梭貝爾（Dava Sobel），《尋找地球刻度的人》（*Longitude*），時報出版。
- 並木浩一，《腕錶的講究》，SB 新書出版。
- 高階秀爾監修，《西洋美術史》，美術出版社出版。
- 小池壽子，《凝視死亡的美術史》，筑摩學藝文庫出版。
- 米歇爾・沃維爾（Michel Vevelle）著、日文版富樫瓔子譯、池上俊一監修，《死亡的歷史》，創元社出版。
- 海野弘，《裝飾藝術 ArtDeco 的時代》，中公文庫出版。
- 海野弘，《摩登設計全史》，美術出版社車。
- 山本俊多，《包浩斯的建築造型理念》，鹿島出版會出版。
- 《高階腕錶的設計與裝飾》，愛彼 AUDEMARS PIGUET 出版。
- 《機械式腕錶的聖經》，STUDIO TAC CREATIVE 出版。
- 《FRANCK MULLER 法穆蘭──人、腕錶、品牌的全軌跡》，PRESIDENT 社出版。
- 《手錶理論 I～III》（*WATCH THEORY I～III*），Hiko Mizuno College of Jewelry 出版。
- 《鐘錶修理讀本》，全日本鐘錶寶飾眼鏡商業協同工會聯盟

出版。

- 《百達翡麗博物館》（*PATEK PHILIPPE MUSEUM*），百達翡麗 Patek Philippe 出版。

- 《百達翡麗國際雜誌》（*Patek Philippe International Magazine*），百達翡麗 Patek Philippe 出版。

- 《鐘錶堤岸》（*LE QUAI DE L'HORLOGE*），寶璣BREGUET 出版。

- 《WATCHNAVI》，ONE PUBLISHING 出版。

- 《鐘錶 Begin》，世界文化社出版。

- 《時間場景》（*TIME SCENE*），德間書店出版。

- 《Chronos 日本版》，Simsum Media 出版。

- 《優雅系列‧時間的優雅》，WORLD PHOTO PRESS 出版。

- 《世界腕錶》，WORLD PHOTO PRESS 出版。

- 《Low BEAT》，C's-Factory 出版。

- 網站：Gressive、Bestnavi.jp。

國家圖書館出版品預行編目（CIP）資料

談錶，商業人士必備的素養：新手入門、配件選
搭、保值收藏、揣摩對方性格……從選機芯到挑
錶帶，你總能帶動話題。／篠田哲生著；黃怡菁譯.
-- 初版 . -- 臺北市：大是文化有限公司，2022.6
336 面：17×23 公分 . --（Style：61）
譯自：教養としての腕時計選び
ISBN 978-626-7123-19-5（平裝）

1. CST：鐘錶

471.2   111003143

Style 61

談錶，商業人士必備的素養
新手入門、配件選搭、保值收藏、揣摩對方性格……
從選機芯到挑錶帶，你總能帶動話題。

作　　者／篠田哲生
譯　　者／黃怡菁
責任編輯／林盈廷
校對編輯／張慈婷
美術編輯／林彥君
副 主 編／馬祥芬
副總編輯／顏惠君
總 編 輯／吳依瑋
發 行 人／徐仲秋
會計助理／李秀娟
會　　計／許鳳雪
版權專員／劉宗德
版權經理／郝麗珍
行銷企劃／徐千晴
業務助理／李秀蕙
業務專員／馬絮盈、留婉茹
業務經理／林裕安
總 經 理／陳絜吾

出 版 者／大是文化有限公司
　　　　　臺北市 100 衡陽路 7 號 8 樓
　　　　　編輯部電話：（02）23757911
　　　　　購書相關資訊請洽：（02）23757911 分機 122
　　　　　24 小時讀者服務傳真：（02）23756999
　　　　　讀者服務 E-mail：haom@ms28.hinet.net
郵政劃撥帳號／ 19983366　戶名／大是文化有限公司

法律顧問／永然聯合法律事務所
香港發行／豐達出版發行有限公司 Rich Publishing & Distribution Ltd
　　　　　地址：香港柴灣永泰道 70 號柴灣工業城第 2 期 1805 室
　　　　　Unit 1805, Ph. 2, Chai Wan Ind City, 70 Wing Tai Rd, Chai Wan, Hong Kong
　　　　　電話：21726513　傳真：21724355
　　　　　E-mail：cary@subseasy.com.hk

封面設計／陳嬪
內頁排版／顏麟驊
印　　刷／緯峰印刷股份有限公司

出版日期／2022 年 6 月初版
定　　價／新臺幣 520 元（缺頁或裝訂錯誤的書，請寄回更換）
I S B N ／978-626-7123-19-5
電子書 ISBN ／9786267123218（PDF）
　　　　　　　9786267123201（EPUB）